国际时装设计经典系列丛书

国际时装设计创意与灵感1000例

国际百位优秀设计师倾情奉献

1000 Ideas From 100 Designers

（西）卡罗莱娜·赛瑞梅多　著
朱卫华 周倩雯　译

東華大學出版社
·上海·

图书在版编目（C I P）数据

国际时装设计创意与灵感1000例／（西）赛瑞梅多著；朱卫华，周倩雯译．—上海：东华大学出版社，2016.3

ISBN 978-7-5669-0937-4

Ⅰ. ①国…Ⅱ. ①赛…　②朱…③周…　Ⅲ. ①服装设计－作品集－世界－现代 Ⅳ. ① TS941.2

中国版本图书馆CIP数据核字（2015）第256238号

责任编辑　谢 未

装帧设计　王 丽 刘 薇

国际时装设计创意与灵感1000例

Guoji Shizhuang Sheji Chuangyi yu Linggan 1000 Li

著　　者：（西）卡罗莱娜·赛瑞梅多

译　　者：朱卫华 周倩雯

出　　版：东华大学出版社

（上海市延安西路1882号　邮政编码：200051）

出版社网址：http://www.dhupress.net

天猫旗舰店：http://dhdx.tmall.com

营销中心：021-62193056　62373056　62379558

印　　刷：上海利丰雅高印刷有限公司

开　　本：889 mm × 1194 mm　1/16

印　　张：19.25

字　　数：678千字

版　　次：2016年3月第1版

印　　次：2016年3月第1次印刷

书　　号：ISBN 978-7-5669-0937-4/TS · 658

定　　价：88.00元

目 录

序

我总是在认真思考自己是否选择了正确的职业。记者们需要以真实客观来约束自己，而我却要用想象力工作，或者说，至少是用创意工作。我的工作本应是通过实证的精准度去阐述我身边的世界。作为一名编辑，我总是要去面对我的恐惧，也许（我是说也许）还要面对最大的一个恐惧：作出决定。因为这正是编辑们要做的事情，他们要运用判断力去粗取精，去伪存真。他们要深入整个圈子，然后将尽可能简短的选项删选出来。他们得自信地找出大众愿意倾听的声音。

这一次，我要选择100位时装设计师。他们是否是银幕新人；是否为其粉丝签名；他们专注商业还是艺术；他们是做高级定制时装还是做涂鸦T恤；他们是从一个课题开始还是以一个跨国公司结束；他们的市场是中老年人还是年轻气盛的年轻人；他们在巴黎走秀还是在里约跳桑巴舞；他们是住在米兰还是阿根廷的加乌乔人小村庄；他们在第五大道有旗舰店还是在车库有展厅，这些都不重要。我挑选了100名与时装有“亲密接触”的设计师，他们的生活就是在讲述时装的故事。本书的目的就是将这100名设计师的直接经验传递给刚毕业的设计师。本书会向毕业生们提出各种问题，比如当他们开始做一个系列的时候他们会想些什么；哪类女性是他们设计时的理想形象；他们的办公桌上有什么；他们在为每一季的服装和配饰设计时如何进行概念转换；为什么他们选择某种面料，在哪里购买；他们寻找什么样的颜色；他们是遵循传统还是尝试新的试验；他们会提供什么样的品牌价值；他们如何看待推广的重要性；他们的风格每年会更换还是保持不变某些风格特征；他们欣然接受趋势还是拒绝；他们有什么好习惯；他们试图摆脱哪些坏习惯；又或者他们是否会让灵感妥协于销售业绩。这其中有很多学生也会自问自答，这本书里有1000个回答。对于成功，并没有像可口可乐一样的神奇配方。然而，设计师们几乎有如出一辙的感受：当你对自己的风格坦诚并且能进行自由创作的时候，就能够打开宝藏的大门，获得一个恒久常青的品牌。时装和生活一样，成功似乎总是属于那些不背弃自己理想的人。总之，无论结果如何，从事时装设计的人们都在追求相同的东西：自我表达。

反思

在时装设计师为自己发言之前，这场序幕也将囊括该领域其他专家们的意见，他们对于品牌的成功与否至关重要。设计师在这个世界上并不是像小王子一样孤独地存在。对于他们的品牌是走向兴盛还是落寞，设计师并不是唯一的责任人。这个“生态系统”还需要杂志编辑、造型师、弄潮人和最终决定系列价值的买家一起构成。什么样的服装能登上*Vogue*杂志的封面？*Glamour*杂志如何决定它专栏的变化？什么样的服装能够成为本季的必备品？

“时装设计师的成功与否，其个性至关重要，但也关乎创新。关键就是要在每一季用另一种方式去重复品牌的精髓；去重新演绎品牌个性。Vivienne Westwood以高腰和不对称设计的裙子著称，但是它们总是会有所变化！”德国*Elle*杂志的时尚编辑Eva Sonaike如是说。她还说：“我觉得能在设计师的作品中看到所有个人细节很重要，并将它们和之前的作品联系起来。我们在Chanel和它的粗花呢服装中看到了，这个细节在每个系列中都会重复，但是风格会发生变化——有时候是朋克，有时候是复古。这样的惊喜非常棒。”

很明显，没有购买行为就没有成功：“设计师应当让他们的产品既引人入胜又舒适。服装塑造一个人，优秀的设计师就有这种能力——推出让受众产生共鸣的系列。追逐趋势并不是好事；时尚的要素总是在当下。最重要的是，服装能给你的客户带来他们寻找的东西，比如一双高跟鞋能让他们感到性感。所以，买家会根据自己的感受，选择Dior还是复古服装。”作为知名女性杂志的编辑，她认为成功也和专业态度息息相关。“必须将设计视为一种工作责任，但同时也要记住，时尚并不代表一切。它不应该在世界上占据如此重要的地位，毕竟人们还在因为饥饿而死去。”

成为新闻

对于在*Elle*杂志刊登品牌的标准，Eva坦白说到媒体的一切都是围绕广告展开的。“我希望有提携年轻设计师的自由，但我不能。如果你想看到新秀，你应该阅读独立杂志。”例如纽约出版物*Visionaire*在1991年的时候创刊时以专注于时尚前沿和摄影而占有一席之地。对于Diego Flores（传奇的V杂志西班牙语出版商）来说，新闻价值度的参数在产品本身中得以体现。“设计师要成为时尚的一部分或者出现在杂志报道中，我们看中的是服装的品质、创意和面料、剪裁中体现的创新。”“当我们选择杂志的封面服装时，有太多的因素要考虑。然而，我们在*Seventeen*杂志中注重最多的是配饰。要让这些配饰予以采用，它们必须具有原创性和趣味性，必须与杂志的新鲜感相匹配，同时如果它们可以创造一种趋势，那就更好了，”*Argentina*杂志的出版总监Laura Vigo解释道。事实上，创新能力是设计师出现在媒体上的先决条件。“媒体需要考虑他们的读者对于新奇感的定义。我们的工作是去了解大众的品味取向，从而辨别什么样的新秀设计师有机会进入最受欢迎设计师的行列。一个懂得如何演绎一代人的需求或者懂得如何去引领新时尚潮流的设计师绝对会有很高的媒体曝光率。”由于年轻女性读者对最新流行时尚的解读尚显稚嫩，因此，专注于青少年的杂志对于独立设计师来说空间更大。青少年阶段的女孩正是塑造风格的时候；他们正在寻找个性定位，同时又需要多样化的选择。对*Seventeen*杂志的匆匆一瞥可以让新人与知名设计师进行较量。所有这一切都关乎尝试，而这种尝试受到杂志的引导，杂志就像一位权威专家，被授权展示各类新秀设计师。

Rosane Ribeiro，一名曾接受时尚顾问训练的*Vogue*巴西版记者，更喜欢忽视当下大家都在追逐的东西，宣称她有讲述事实的自由。“当我写一篇报告的时候，我对设计师的选择取决于他们的原创性。我所说的原创性，并不是指一些没人会穿的光怪陆离的东西；我是指那些独特和美丽并存的、有时英国人知道如何穿搭的东西。”Rosane的这翻陈述展示了她商业的一面：“别忘了这件产品可能在任何一个服装品牌中找到，但是在某些品牌中，人们会想要拥有它，使用它。Burberry给我的就是这种印象。”

001 » 参考素材

进行设计的时候，我将自己沉浸于一个非常有魅力并且强大的女人世界里。她是人们追捧的对象，她自食其力。同时她高傲却并不完美。于是我为我想象中的女人建立了一个档案——她是一个什么样的人，她会去哪里，她的态度和她的生活方式。我同时也从20世纪70年代的女性身上寻找灵感，尤其是Slim Aaron的摄影作品。

002 » 开发一个系列

我以性感而含蓄的方式，利用纸样方面的资源，将它演绎、升华为女性人体，突出腰部和臀部，胸部塑造得很有型。

003 » 色彩

我总是使用冷的、清爽的色调，在它们中寻找一种优雅。品牌的DNA就体现在色彩、设计、前卫的风格中。

004 » 你的左膀右臂?

我的纸样设计师。

005 » 个性 VS 共性

绝对是个性，因为我的设计作品是威严而独特的。他们并不适合所有的女性。

Le Petit Bain

006 » 风格

总是坚持那个最先打动我的风格。

007 » 时装是艺术吗?

不是，事实上我对它不是很了解。

008 » 街头时尚 VS 时装设计师

时装对我来说来自全世界，来自一个场景，来自一种情感，来自一种欲望。

009 » 好习惯

设计师必须不断地克服自己，有时候“坏习惯”是创意过程的一部分。

010 » 建议

我的经验之一就是要下定决心，并且总是相信你自己的历史经验。而且，作为一名设计师参与全过程是非常重要的，从面料的选择到最终成品。否则，它就会变得日趋复杂，而你也会失去感觉。

011 » 灵感

当我开始系列开发时，我同时考虑到主题和感觉；我不会将自己局限于一件东西。我总是从每天接触到的色彩、肌理和材料开始：一座建筑物的墙壁、墨西哥市场、书籍、故事、音乐会、景观……

012 » 工作场所

我的桌子有点乱；我有很多东西。但我的确试着去整理它。当我开始画草图的时候，出于一些奇怪的原因我最后总是会画到地上。地板就是我的巨大桌子。模特是实现创意的最好工具。从2010年前我刚开始这份事业的时候起，我的模特就一直没有换过。

013 » 材料

面料是我开始设计的基础。在墨西哥找面料比较难。我的解决之道就是在保证质量可靠的前提下，购买一些十分简单、基础和单色的布匹。然后开始改造它。我们为面料染上不同的颜色；然后通过丝网印刷或者数字印刷将它们印出来。对它们进行绣花和贴花装饰。换言之，就是定制面料。对织物进行设计十分有趣，这样你随后可以利用它们创造出廓型。

014 » 色彩

我并不是在每件事物中寻找特别之处，我只是喜欢看他们结合在一起的视觉效果。墨西哥是一个色彩斑斓的国家，我经常发现新的色彩组合，无论是一个冰淇淋或是瓦卡哈的一堵墙，传统的民族服装或是彩罐，颜色都是光线的反射。

015 » 传统制造 VS 试验

我喜欢利用传统工艺进行试验，也就是说，要回归经典的纺织技术。之后我会将它们改造成新的东西，改变其体量、材料，用于其他用途。

016 » 品牌价值

品牌价值高于制作服装本身，Alejandra Quesada想做的是讲述故事。她喜爱色彩、音乐、味道、质地、历史、魔术和这整个宇宙。

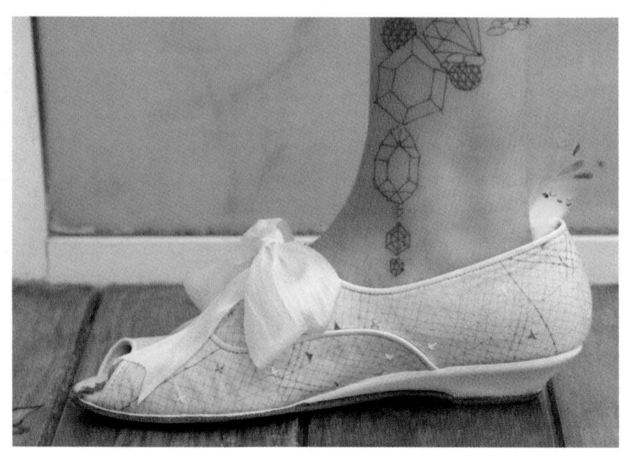

017 » 时装是艺术吗？

我不确定我在做的是不是艺术，但我确定它是艺术的一部分。画画、插图、音乐、摄影、影院、剧场和舞蹈全是相互依存的。时装和艺术是相连的，并且，和艺术一样，时装是阐述和表达自我的一种方法。

018 » 好习惯

设计师应该具备的习惯是有条理、有毅力、有耐心，还有最重要的是信仰。

019 » 认可

我十分腼腆，在一场秀结束后我不喜欢从后台走出来。在最近的一场秀中，我决定在现身之前数到十，之后我意识到最终我收到的掌声是让我继续走下去的动力。

020 » 推广

我的策略是旅行。直到今天，帮助我成长最多的事情才真正出现：参与在巴黎和伦敦的秀场，并且在日本有良好的公众关系。

021 » 缪斯

当我创作女装的时候，我想到的是强大、独立的女性。我的理想设计对象是一个超越年龄和时间界限的女性，她为自己决定属于自己的时代使命，Tilde Swinton, Björk、Róisín Murphy和我的关系都十分密切，他们都是摩登的标志，并且对时尚有着巨大的影响力。

022 » 灵感

我的每一个系列主题都来源于俄罗斯的文化。首先，我先为创意的中心轴线下定义：一个历史时代，一个传奇，或者是一件艺术作品。之后，我再根据现代手法和方向来调整我选择的主题。

023 » 模特

我偏爱来自真实生活的人。去观察和研究他们的品味和需求是一件非常有意思的事情。我的女性朋友们和我的家人都非常优秀，他们启发着我，也是我创意的源泉。

024 » 创造一个系列

我系列中的每一个细节都表达着某种意识形态。设计师的技能包括对整体主题不加虚饰的修正，以塑造每一个款式。有了这个明确的方向，你就可以在系列产品之间分配主次，使其相互补充。

025 » 色彩

这是系列中的重中之重。人的眼睛首先捕捉到色彩，然后才留意到形状、大小和细节。对于色彩选择来说，要跟随你自己的感觉。去感受色彩、理解色彩，然后再去创造服装。寻找一个特定的色调和它的组合：试验是取得优秀商业结果的必经之路。

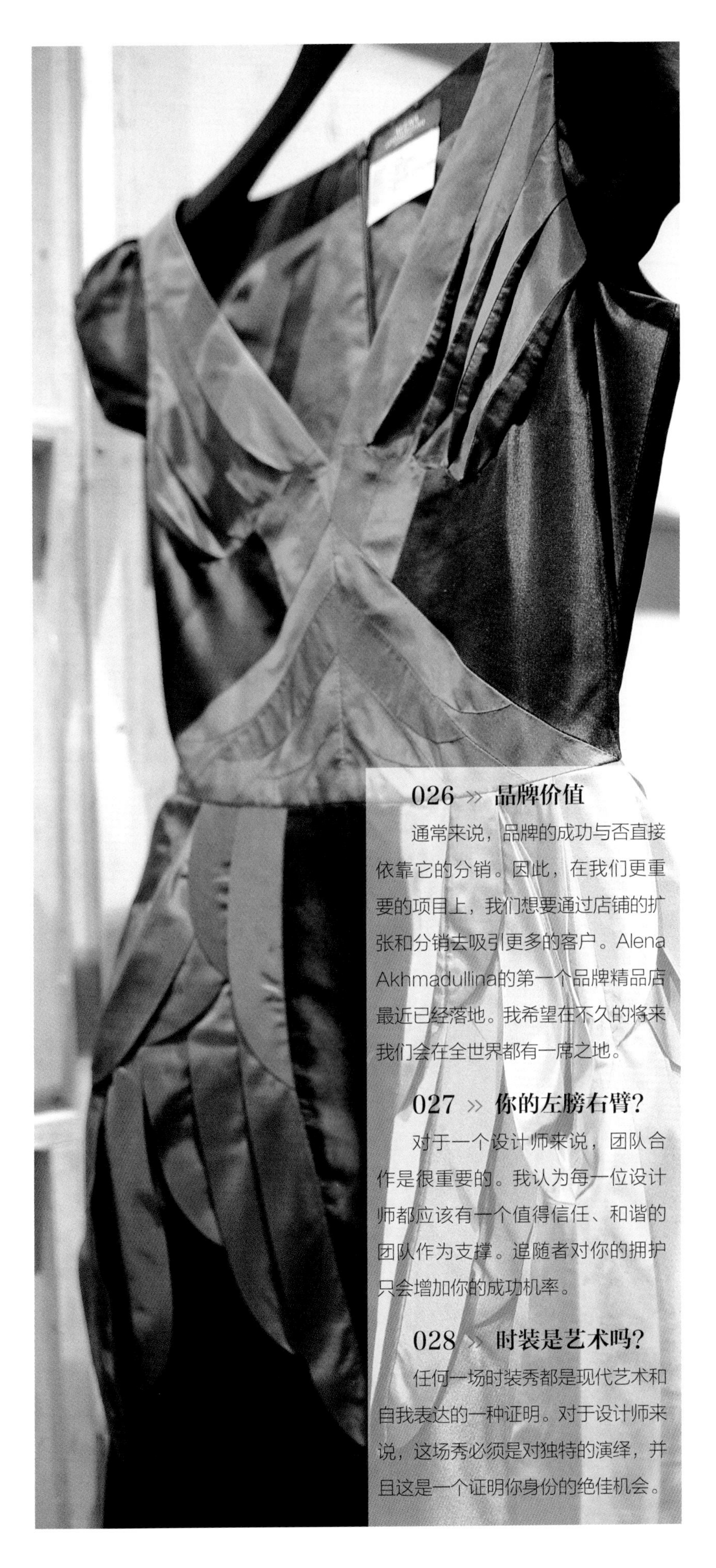

026 » 品牌价值

通常来说，品牌的成功与否直接依靠它的分销。因此，在我们更重要的项目上，我们想要通过店铺的扩张和分销去吸引更多的客户。Alena Akhmadullina的第一个品牌精品店最近已经落地。我希望在不久的将来我们会在全世界都有一席之地。

027 » 你的左膀右臂？

对于一个设计师来说，团队合作是很重要的。我认为每一位设计师都应该有一个值得信任、和谐的团队作为支撑。追随者对你的拥护只会增加你的成功机率。

028 » 时装是艺术吗？

任何一场时装秀都是现代艺术和自我表达的一种证明。对于设计师来说，这场秀必须是对独特的演绎，并且这是一个证明你身份的绝佳机会。但同时也必须有另外一个系列——设计师为了销售的目的而创造的，需要和买家以及营销专家们沟通后形成的系列。

029 » 个性 VS 共性

不要盲从对你提出的要求。表达你自己并且展现你独特的世界。时装产业以相反的方向运行：供应决定需求。设计师必须要真诚，并且总是创造出新的东西。只有这样，你才会被认可。

030 » 风格

每一个设计师都应该有自己独特的印迹——一种决定品牌概念的特定风格。我的就是俄罗斯主题，我内心深处朝着这个方向努力着，并且以更大众的趋势去融合它。重要的是你要意识到，统一与系列内部的统一是截然不同的两个概念。设计师应该保留他的风格，同时又不能重复，保持新鲜感。

ALENA
AKHMADULLINA
ST PETERSBURG

031 » 灵感

我的创意从来没有一个固定的起点：它可以是一个特别的物件、一张图片、一个经典造型。最初的启发会延伸出一个主题，最终发展成一个系列。这个过程必须由林林总总的每一点滴的投入去灌溉——从团队合作到头脑风暴。

032 » 开发一个系列

创意的过程总是与花巨大的精力塑造风格不可分割。我的设计为时尚的女性而创造，她们有鲜明的性格，喜欢随意混搭。Jo No Fui的系列就是由多种不同风格的单品组成的，并且容易混搭。我不希望Jo No Fui的作品能立即被辨别出来，并且模式化。我希望我的服装被定义为简洁美。

033 » 材料

Jo No Fui是一个意大利品牌，我主要关注的是在意大利生产所有的产品，从成衣到面料。我很幸运能拥有最棒的意大利面料生产商，确保了品质的高水平。

034 » 传统制造 VS 试验

作为一名女性设计师，在学习了建筑以后我感觉自己十分传统。我也喜欢用材料做一些花样，但从来不会走得太远。我总是做一些具有代表性的款式：运动靴、大面积绣花衬衫、短束腰连衣裙是我一直以来的最爱，在顾客的不断要求下，我一直尝试用不同的面料和色彩把他们呈现出来。

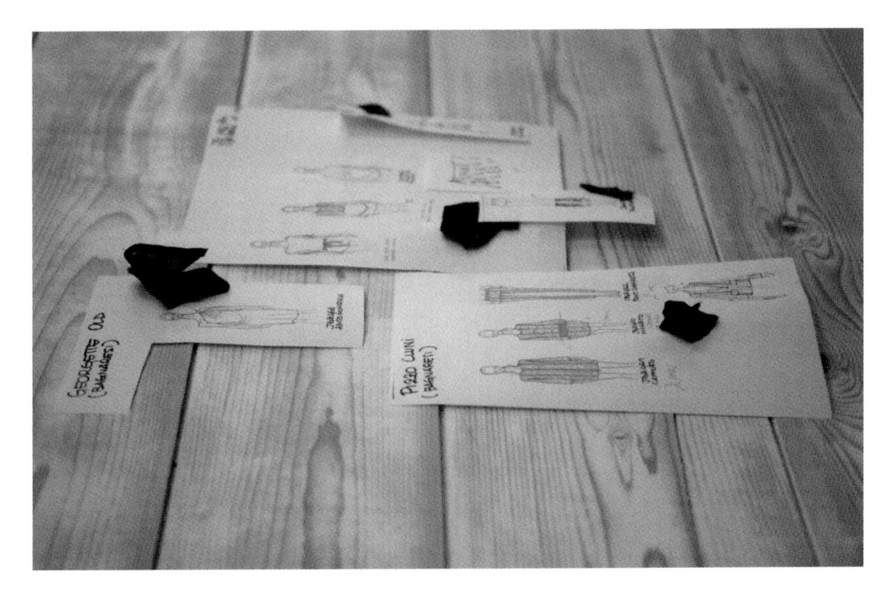

035 >> 推广策略

我的策略就是将我的设计作品置于最优秀的店铺中，实践证明，这样做是值得的。

036 >> 品牌价值

我的系列代表了我自己——一个女人和创意设计师。系列就体现了我的品位。这些年以来逐渐获得大家的关注，现在顾客们选择Jo No Fui，因为他们认为这个品牌风格可以代表他们自己。也就是说，这是始于个人主义，又融于志趣相投和品味的女性群体中。

037 » 风格

每个人的风格都会在每个系列中留下痕迹，我不喜欢扔掉任何东西。我喜欢在我创造的系列中体现历史的循环往复。

038 » 时装是艺术吗?

当然，时装是工艺品。我将Jo No Fui的工作场所选择在水磨坊里。在里米尼边上的乡村里遁迹，但是古老的磨坊设备仍然在那儿，在Mutoid（位于里米尼的朋克艺术家社区）的帮助下，我们只是用金属对它进行了修葺。

039 » 建议

我的祖父曾经告诉我要一直做自己的事情。他告诉我自己要吸取经验教训，最佳的途径就是自己承担风险，要向前看，不去理会别人的批判。所有的能量都在你的意念之中。

040 » 销售

一个好的系列创造好的销量。我从不跟随纯粹的创造力，而是听从我的商业直觉；一直以来这一点都让我受益颇丰。如果在秀场上选用短裙，我就会做长裙。我总是会在系列中创造特别的设计，同时在创意和价格上又不会走得太极端。

041 » 灵感

当我们开始系列设计的时候，我们通常会把从艺术、电影、摄影，甚至街上现实生活的人中汲取到的一些灵感和形象放在一起。我们的最终目的是设计一些自己喜欢穿着的服装作品。

042 » 创造一个系列

很重要的一点是，要总是和我们创造的这个宇宙相吻合。在所有的系列中，我们总是会有同样的元素和细节——我们希望我们的品牌所呈现的总体感觉。我们的标识可以通过以下细节看出来：骷髅头补丁、骷髅头纽扣、在外套或T恤胸前口袋里的手帕，有时候会在上面印有黑白的平面图形。

043 » 色彩

色彩对我们来说非常重要。在每一个系列里，我们都试图在色彩方面保持一种微妙的连贯性。通常喜欢挑选一两个突出的颜色，或者选择一些含蓄的灰色、海军蓝，当然还有黑色。

044 » 你的左膀右臂？

我的兄弟们对我的设计产生了很大的影响。我们都将一些不同的东西呈现出来。我们一起创造了这个品牌并且很享受这个过程。享受创造是最重要的：即使我们在公司里有不同的角色，我们一起制定决策。

045 » 推广策略

做广告的时候，我们使用现实生活中的模特，因为谁能比真实的人更能代表你的品牌呢？每个人都可以在我们的广告中找到自己。我们被一大群看上去不现实的顶级模特包围着，

我认为顾客们已经厌烦了这种宣传方式。The Kooples的标志就是：现实生活和现实的人。

046 » 个性 VS 共性

我们更崇尚个性。我们设计的系列是给人带去按照他们自己的性格去进行混搭的空间。因为我们一直支持个性，会在推广活动中选择真实的情侣和不同性格特征的人。

047 » 进步

时装是很有挑战性的，竞争十分激烈，所以你总是要比上次系列做得更好。你要一直去给顾客带去惊喜。

048 » 时装是艺术吗？

对我们而言，时装来源于真实生活的街头，这也是为什么在我们的广告活动中要选择真实情侣的原因。在街头，你可以看到各种各样的东西，从中你会发现人们真正想要什么。同时，我们也会受到音乐、艺术和古董的启发。

049 » 建议

努力工作，享受你自己，最好的就会从中出现。不断地问自己问题。

050 » 销售

造就销售成功的秘诀是真诚，享受我们在做的事情，设计我们想穿的服装，同时对建议、人们和生活保持开放的态度。

051 » 灵感

我用一种自然而然的方法来画画，让新的创意自然流露，再勾画出来，然后我着手面料花型设计，寻找合适的面料去实现这些初始的想法。同时我也会想象一下穿着这个系列的女性，目的是希望我的设计系列新颖、现代、穿着舒适，并与我所针对的目标市场氛围相吻合。

052 » 工作场所

我在澳大利亚墨尔本科林伍德的一个小工作室里工作。在这里，我设计和制作样品，尽管我会先在人台上

测试原型，但我更喜欢在生活中真实的女性身上检验我作品的合体度，并非通过行业标准来提醒你，而是通过具有真实体型的现实生活中的女性，她们更能代表我的目标顾客。

053 » 色彩

我喜欢在系列中使用渐变色，尽管大多数的款式订单都要求是各级黑色，但是我真的很喜欢使用主色的色调变化，突出主色，并搭配更具商业性的较暗的色彩。

054 >> 开发一个系列

一旦我有了设计稿，纸样已经制作完毕，并且打好样，我就和印染公司、样衣缝制工紧密合作，样衣缝制工对我的印花图案、色彩以及服装概念进行诠释，实现我的设计理念。一旦系列样品完成，我就和销售代理合作，将系列进行出售。最后制造商为我的客户大批量生产。

055 >> 风格

Alexi Freeman的品牌承诺：看似简单，功能实用。传统的魅力与新潮相结合。英姿飒爽，有女人味，无尽的实用性。“魔鬼都会注意”的休闲和魅力，让人惊喜连连。符合行业标准的制作经得起时间的考验。不受趋势指引的时尚设计系列，让你个性十足！

056 >> 推广策略

我是小型独立时装品牌设计师。受手工训练的影响，我设计的当季女装系列都是本地制作并且生产符合行业标准。我和一家广告公司紧密合作，帮助我们准备营销资料，还有一家新闻机构帮助我们将营销资料传送给媒体、批发采购商和私人客户。

057 >> 进步

每天都是自我完善的机会。就我的系列来说，我会分析之前的系列中我做的比较好的部分，同时在下一个系列中增添新元素。我的哲学是时装反映生活，生活总是在改变，所以时装必须成长和改变，必须和生活紧密相关。

058 » 时装是艺术吗?

我受过正规的艺术训练，我将在艺术中所学的应用到时装设计师这个职位中。由于我从艺术家转行到时装设计师，人们总是会问我是否会重操旧业，但是对我来说，这两者之间没有什么区别。我只是将我的创作能力运用到时装的穿戴艺术中，而不是追求艺术本身，我认为时装中的手工艺术基础被忽视了，然而如果没有艺术和手工艺的起源，时装也不会像今天这样成为全球化现象。

059 » 认可

最好的认可就是当顾客告诉我，他们到处寻找某样东西，但是除了在我的专柜，其他地方都找不到——这总是让我感觉很兴奋：知道我所做的东西可以填补一块市场空缺，并且我的作品和市场需求相关。同时我认为，能及时获得薪酬是一种很好的赞美方式，但是，对于好评，我从来都不沾沾自喜。

060 » 建议

光靠激情在时装界是不足以支持你存活下去的。它只能作为一个开头，同时也要磨砺你的商业悟性，较好的时间管理技能，一个充满创意的头脑，还有从不放弃的态度。更不用说一个健康的身体了！

© fashionising.com

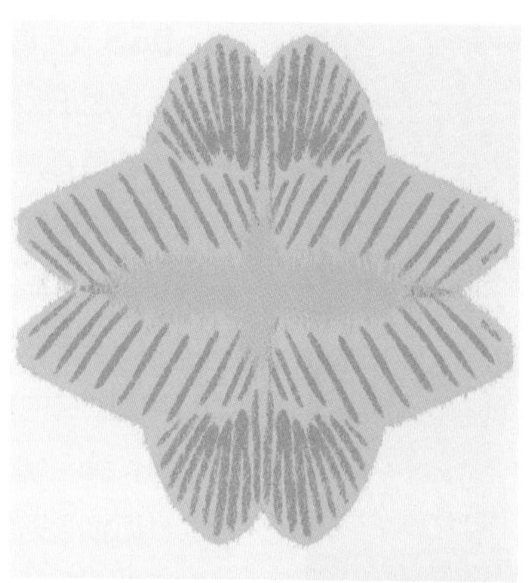

061 >> 参考素材

历史上的女性和街头女性。

062 >> 工作场所

有创意的，居家的，明亮的地方。

063 >> 材料

我自己设计面料，并且比较倾向于使用丝绸、棉、天鹅绒、天然纤维。

064 >> 你的左膀右臂?

我的团队。

065 >>个性 VS 共性

个性。

066 >> 风格

一个意志坚定的女性，同时她对她的脆弱坦然面对，有多变的风格。

067 >> 进步

我的作品包含了创造性的内容；但有时候忽略外界观点。

068 >> 建议

自律和坚持。

069 >> 认可

当一名顾客因为穿上我的作品而被赞美好看的时候!

070 >> 好习惯

学无止境。

1. Black printed dress, **£35, Marks & Spencer** (www.marksandspencer.co.uk).
2. Silk printed dress, **£159, Reiss** (020 7473 9630).
3. Cream silk and tulle hand-painted dress, **£2,275, Dolce & Gabbana at Browns** (www.brownsfashion.com).
4. Printed techno-fibre dress, **£521, Marni** (020 7245 9520).
5. Printed cotton tank top dress, **£195, Marc Cain** (01704 823005).
6. Printed silk chiffon 'Lolita' dress, **£300, All Saints**

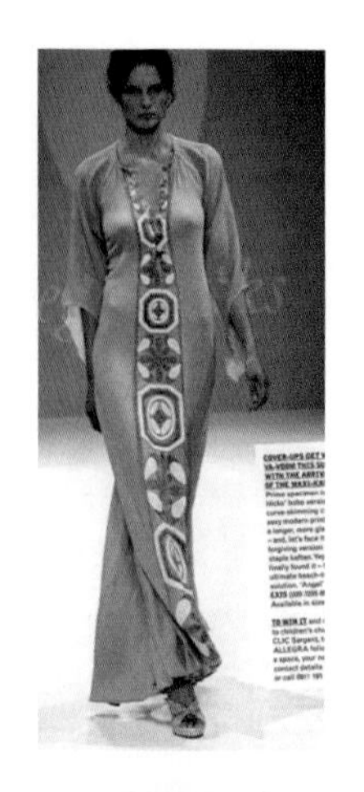

071 » 灵感

我们所有的系列都围绕着一个主题开发，这个主题引领着系列的方方面面。

072 » 缪斯

缪斯每一季都在改变，并且视我们的心情和方向而定——最终将我们的目标对象女性想象成缪斯。

073 » 工作场所

我们的工作室很小，它看上去就像一个样品的创意漩涡，设计到处散落。我们工作室里摆放着经常使用的12个白色模特。

074 >> 材料

我们会对设计中所需要用到的面料进行评估，让它以最好的形式发挥作用，然后再做筛选。我们从全世界各地找材料，但通常最终还是会选用来自英国或者亚洲的材料。

075 >> 传统制造 VS 试验

当然是试验，毋庸置疑！选用一个代表性的东西，使人们能对它和系列产生共鸣，并因此而印象深刻，这是一个非常有用的工具。

076 >> 风格

自信、感性和力量。

077 >> 进步

很难说，从你的错误和成功中吸取经验。

078 >> 时装是艺术吗?

是的，是一种可穿戴的艺术。

079 >> 街头时尚 VS 时装设计师

我不确定我是否理解其中的差别。设计师们从街头和时光的寻常感受中找寻他们的灵感。

080 >> 推广策略

不要为自己是谁感到羞涩。

080
BARCELONA
FASHION
Generalitat de Catalunya
Departament d'Innovació,
Universitats i Empresa
AMINAKA WILMONT
NEGRITA
NAKA WILMONT
ATREZZO
BARCELONA

081 » 灵感

最重要的一点是，要有一个创意，能将整个团队凝聚在一起，朝同一个方向共同努力。

082 » 参考素材

在设计过程中我试着放松自己，保持清醒的意识，这样才能使设计更简洁。一个设计师应该具有观察的力量。有许多视觉和感觉上的资源：音乐、艺术、摄影、阅读、对其他文化的好奇心，还有大自然。我脑子里时常浮现这样的画面：托马斯·曼小说里面的特写。

083 » 工作场所

我不怎么更换模特。我的桌子很简单、整洁、干净。

084 » 材料

我经常和我的团队去米兰和巴黎出差。这两个地方是挑选理想面料和其他材料的理想场所。

085 » 色彩

色彩就是服装上的韵律。

086 » 传统制造 VS 试验

试验需要传统。标志性的款式并不是寻觅得来的，通常它自然而然地出现。

087 » 你的左膀右臂?

我的左膀右臂当然是Gabriel González。他一直跟随我，他是我的支柱，也是一个我能将业务完全托付的人。

088 » 品牌价值

我的品牌不做任何承诺。但是如果人们穿上我的服装感觉良好，我就会很满意。

089 » 哲学

根据定义来讲，时尚是民主的，因为它会传播。

090 » 建议

我的父亲有一天告诉我，“生活中一半是脏乱，另一半是整洁。”记住这一点使我得到了平衡。你应该永远带着爱和谦卑工作，在心里谨记，看到人们舒舒服服地穿着你构想出来的服装是一种奢侈。

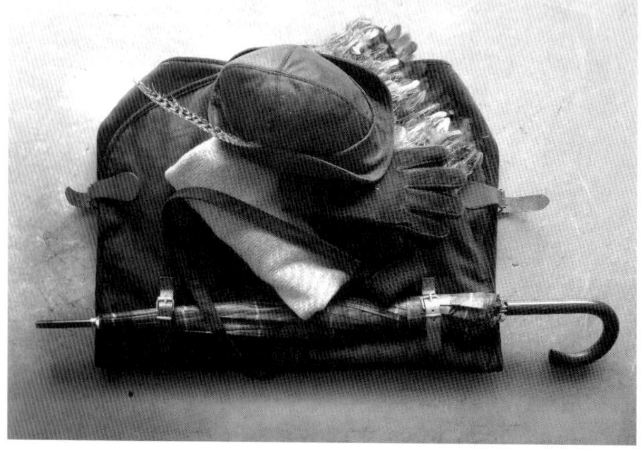

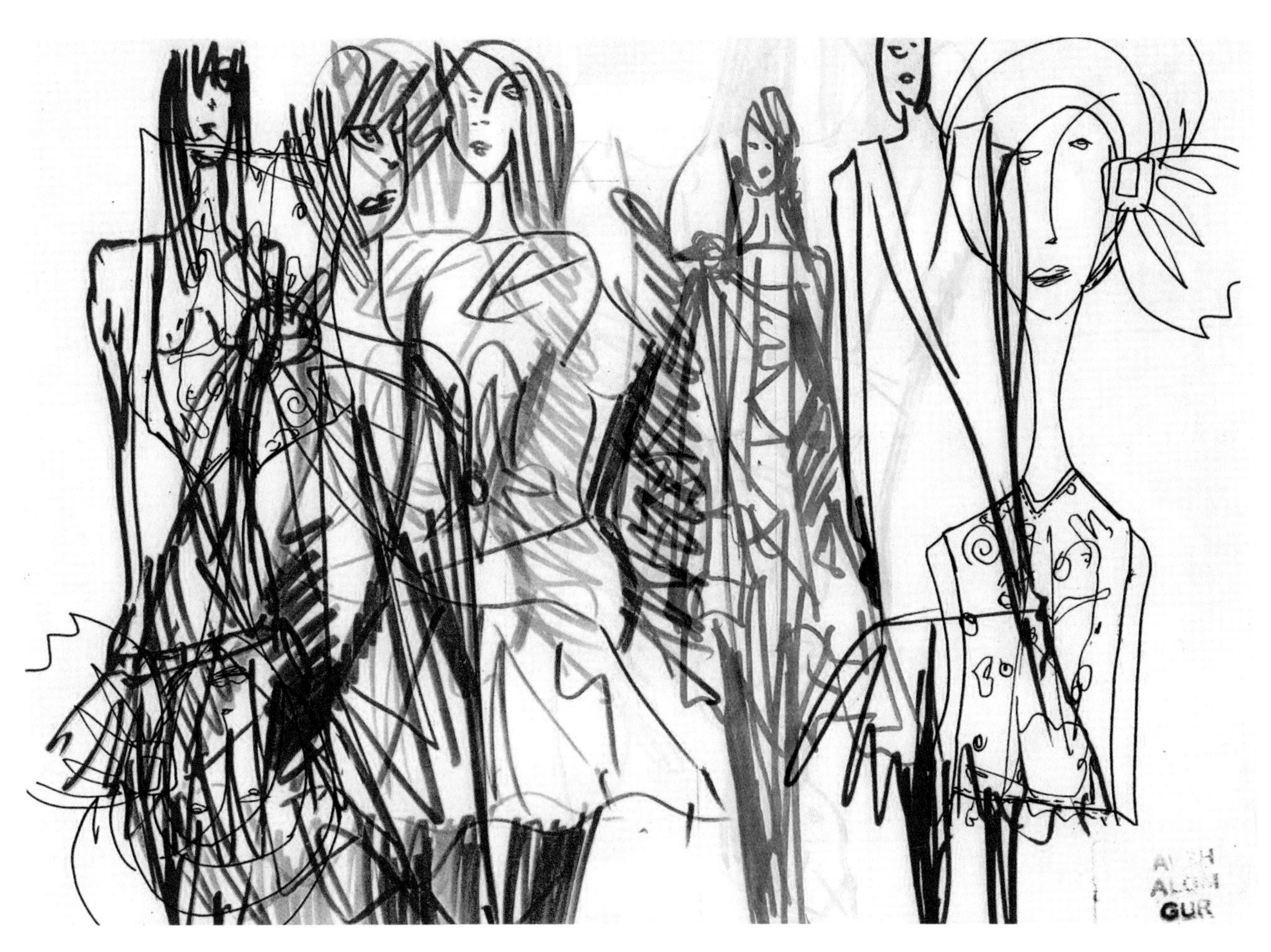

091 » 灵感

对我来说，它总是关于一个故事，一个幻境，一个场景，或者是一个背景。一旦这些都确定了，它们就像一个指导方针，帮助我组织和塑造剩下的色彩、材料和幻想中的“朋友们”。选择一个故事，闭上你的眼睛，想象一位美丽的公主会穿的服装，然后开始创作。

092 » 工作场所

它是一个有条理的杂物堆。一大堆的面料、材料和天花板上挂着的器材，旁边还放着街上找到的小玩意。这是一个开放的空间，同时接纳创造性和技术性的员工。

093 » 色彩

色彩应该是奇异的，美丽的，丰富的，同时也是浑浊的。我经常在一个色彩大家族中挑选一系列颜色，以便塑造各种色阶，并将它们升华。

094 » 品牌价值

我的品牌体现创新、创造力、不完美的完美，还有乐趣。

AVSH
ALOM
GUR

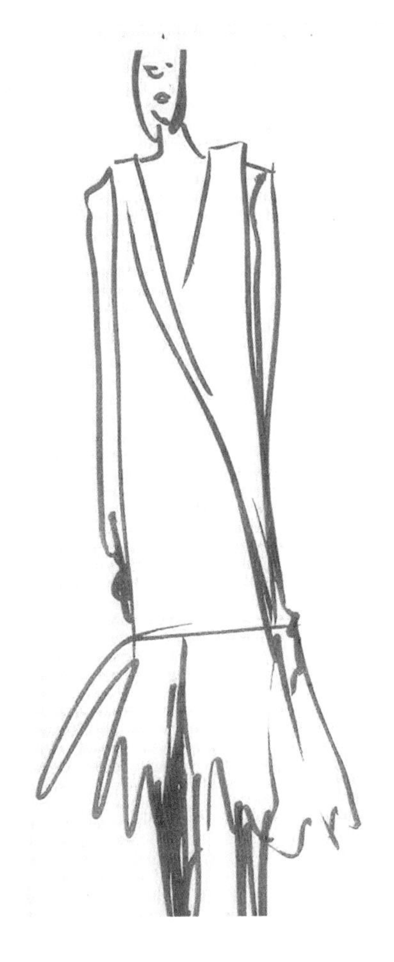

095 » 材料

我喜欢源自天然纤维的面料，比如棉、麻还有丝绸。我经常在市场上购买价格合理的面料。然后根据我的需求，通过丝网印刷对它们进行处理、染色。任何承载着其他设计师想象力的事先印好的面料成品在我的工作室都找不到。

096 » 推广策略

做一些漂亮的东西，并且用爱、关心和关注力去实施。给它一些时间，然后人们就会对它作出回应。

097 » 进步

对我来说，时装是关于进步，不是改革。每一个系列都是我想要达到新高度的挑战。

098 » 哲学

艺术是主观的。我创造时尚，我创造服装，我创造可以穿戴的产品。在一些特殊的场合，有些东西会被追捧，从而被划分为艺术。

099 » 建议

不要有任何压力，不要给别人任何压力。打破常规进行思考。

100 » 认可

对我来说最好的赞美就是把我的艺术收录到印刷出版物中，因为即使我去世了，这些纸张也会继续保存下去。

101 » 工作场所

我的工作场所是我隐形的茧，它十分私密。我的工作室就像餐厅里的厨房。它实际上是真实的，也是所有创意产生的地方。工作室需要体现设计师的性格特征。

102 » 灵感

你居住的地方和你每天看到的东西对于灵感启发来说至关重要。我尝试着把它当成一个工具而不是拐杖来进行工作。我经常是由一个想法，一个创意，一种概念或者一个视觉图形开始。其他时候，我会从一个故事脉络甚至一个词开始。我从不将我的系列设计成抽象状态。无论它是在过去还是在当下，我的所有创意都来自于围绕我身边的一切：朋友、音乐、街头文化、回忆、电影。

103 » 参考素材

主要是我身边的人。我没有一个具体的缪斯，但我确实从亲密的朋友中获取灵感。Leith Clark是一个我仰慕的对象，她的风格浑然天成。她一方面有一种孩子般的天真，另一方面有一种激情的自律。她是少数可以不费吹灰之力就能使它们同时保持平衡的人之一。她有一种真实的、天生的风格。

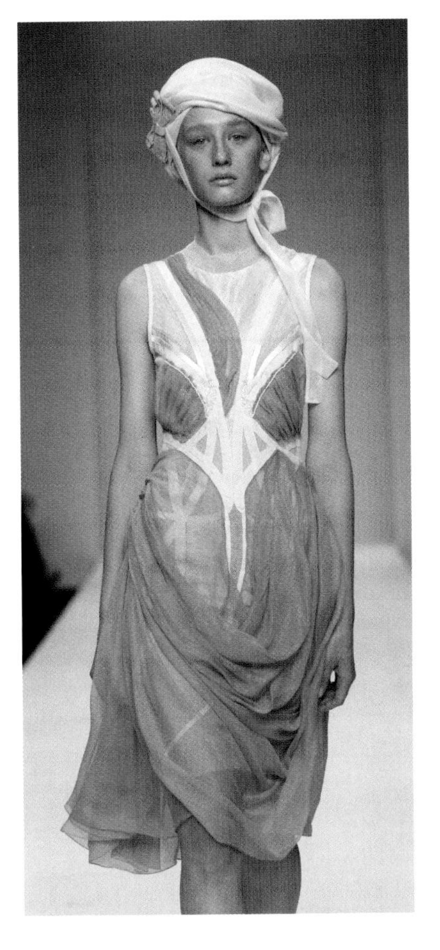

104 » 开发一个系列

时装对我来说是自我沟通的一种工具。它几乎是一种你不需要使用任何词汇就能进行沟通的视觉语言。尽管我的初始想法在实际考量因素之前就出来了，但在创作的过程中，我使用不同的工具，比如填充、剪裁、设置里衬、接缝、裙撑以及其他各种制作礼服的结构工艺，为女性演绎优雅的理念。这是自然流露的，因为它反映了我的所想、我是谁以及我的生活方式。

105 » 材料

在将想法转换成真实服装的过程中，面料显得尤为重要。面料的选择可能关系着一件服装的成败，因此它需要我们仔细斟酌。面料选择最终会影响我的设计。垂感、质地、色彩——这些对实现我的创意都非常有帮助。之后通过立体剪裁手段，设计会产生变化。在针线下面的每一块面料都有不同的特性，根据你在人台上的立裁方法，每一个褶皱和荷叶边都有其特定的表现效果。

106 » 色彩

我喜欢那种能产生出其不意的组合效果的色彩。我特别中意20世纪70年代的电影，尤其是尘埃遮盖下的场景和造型，它们都能给我启发。我觉得那种泼墨色彩转换成柔和色调的效果很不错。我也喜欢那种无法用言语描述的色彩。当看到一个无法马上描述出来的颜色，我立即被吸引住了——比如阴影中的色彩……

107 » 风格

我使用流体材料创造三维结构——这定义了我的创意和我自己的风格。我有无数的信念，并且基于身体、面料和它们之间和周围的空间寻求不同的解答。我在设计上的目标是成为一个完美

主义者，这需要不懈的努力和多次的尝试才能完善一个设计。对我而言，我的设计语言是基于一种能力——面料剪裁、通过试验和想象实现抽象和复杂的造型。我立体剪裁的能力（有时直接在真人身上进行剪裁）同样也会制造一些意外的设计想法，这也正是我一些最重要的作品的核心。

108 » 街头时尚VS时装设计师

在过去的几十年里，时装比街头文化更加与世隔绝。我认为时装已经不再像几十年前那样具有同样的指导力了，它越来越朝个性化发展，而不是某些特定的潮流决定着时装。这与人们对时装看法的改变以及如何彰显他们的与众不同有关。显然，街头文化影响着时装，但这不是唯一的因素——文化和经济的变化也有很大的影响。我相信时装总是在挑战世界上的各种变化。时装里总有反叛的细胞，它是一个兼收并蓄的熔炉。

109 » 建议

最好的经验就是要知道作为一个设计师，你到底是谁？去了解你真正的设计个性，并且忠诚于它，这在你的时装设计之路上至关重要。

110 » 好习惯

一个设计师必须完全热爱他在做的事情。

111 » 灵感

主题倾向于英式，并且有助于整个系列有侧重点。

112 » 开发一个系列

我通过色彩、款式细节和结构将系列中的概念演绎到每件服装中。

113 » 剪裁

传统和试验的平衡提供了经典的参考价值和方向。关键的单品可以帮助买手聚焦于店铺的产品系列，同时又不会丧失品牌整体形象。

114 » 品牌价值

这些系列代表了英式风格，这些风格可以依据个人进行调整。

115 » 材料

面料的选择既基于视觉效果又基于功能性。他们都来自于英国和欧洲的面料工厂。我避免使用廉价的聚酯纤维面料。

116 » 推广

DAKS是一个英国男装奢侈品牌，它本质上是永恒的，质量上乘，但又不失现代感。

117 » 进步

一个设计师总是要着眼于完善和进步。

118 » 街头时尚VS时装设计师

我不能说时尚是来自于街头或者说设计师的提案，它来自于生活的各个方面。

119 » 好习惯

搜集、吸收、否定、使用。

120 » 销售

在设计的时候想象一下消费者穿上这些服装的样子是很有必要的。

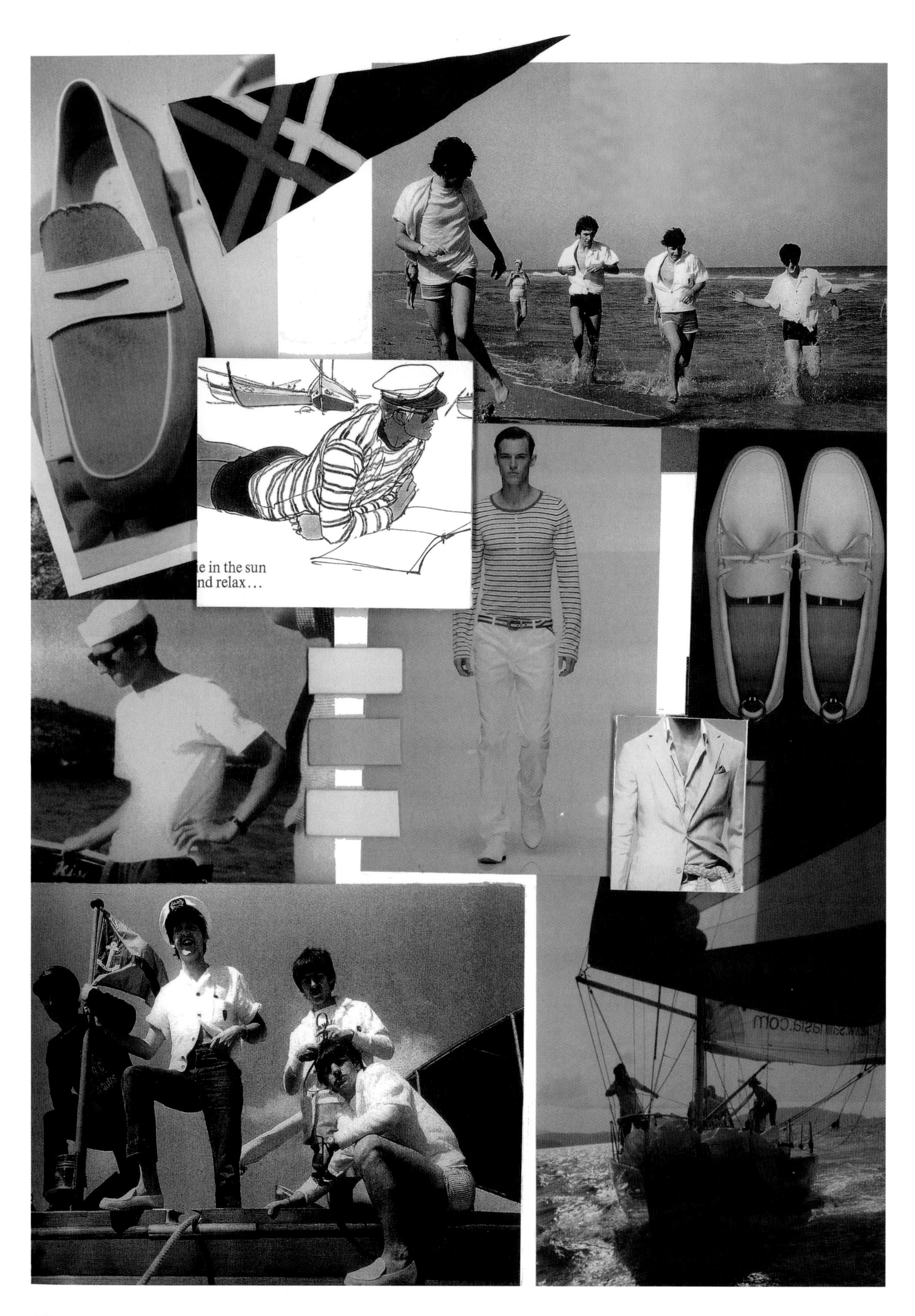
e in the sun
nd relax...

121 » 灵感

我通常从一个系列到另一个系列逐渐形成自己的风格，但是启发我灵感的主题每一季都在变化。他们取决于我周围的事物，还有当时对我的生活产生影响的事件。

122 » 开发一个系列

设计系列可以通过色彩、辅料、剪裁和面料来进行演绎。然而它不应该被过度地诠释；概念应该一直作为一种“根基”而存在。

123 » 传统制造VS试验

传统和试验在某种程度上是相关联的。我最喜欢的款式是茄克。比例基本上保持一致，但是因为一直在进行开发，因此每次都会有所差异。

124 » 个性VS共性

系列必须体现个性，这样才会更有趣味性。

125 » 材料

我喜欢面料光滑的感觉，具有很强的抗皱性能，克重方面即使装饰了图案也不会显得太重。我讨厌麻！它太容易起皱了。

126 » 品牌价值

品质与合体性。它的基础是能干、现代的性感女性。最具有挑战性的事情就是要做到一如既往。

127 » 推广

推广是成功的关键。我的团队和我都要确保在业务的各个方面保持步调一致。设计、销售和公共关系全都紧密相联、缺一不可。

128 » 街头时尚VS时装设计师

我会说两者难以取舍。

129 » 建议

中央圣马丁艺术学院在各方面都是最好的课堂。去那儿！工作，工作，更多的工作！

130 » 销售

销售好的服装并不一定适合秀场和媒体宣传。我必须在这两者之间保持一种平衡，同时也不要设计出破坏我风格的作品。

131 » 灵感

Just4funthe最初是一个以印花和限量版为特征的基本产品线。对面料的选择反映了我们的灵感来源——来自于我们的感觉和热情。

132 » 开发一个系列

我们并不遵循时装设计的寻常做法——创造一个概念。不过我们有一个基本并且永恒的观念——独特的款式，不论季节。我们最重要的原则就将“社会关怀制造体系”付诸于行动。每件产品都是巴塞罗那当地小作坊的专家工人们生产的，他们都参加一个帮助罪犯重新融入社会的项目。想象穿着我们服装的人也会感觉到他们是这个项目中的一份子，这种感觉很好。

133 » 你的左膀右臂？

俩人一组，我们做每件事情都互相依赖。创意来自于我们两个人。一个人对于打底裤的热情和另一个人对于印花的品味，将它们融合起来。我们彼此都知道这个品牌意味着什么，并且互相支持。

134 » 品牌价值

我们做限量版和趣味印花，以此显示团结。我们相信当你使用

Just4fun的时候，已经能充分感受到你的与众不同了。你成为脱离于传统时尚体系的项目的一部分。

135 » 材料

我们选择弹性面料，因为我们的服装是紧身的。一件一件地甄选，并且满世界地找特别的印花。这是很容易迷失的过程，也许下一秒你就开始想象它在腿上移动的样子；你会变得如此兴奋，甚至迫不及待地去制作它，穿上它。当你在制作的时候，印花会产生变化。长度一米的印花和在25厘米宽的紧身裤上的效果是不一样的。弹力会改变视觉效果，在我们心里谨记着这一点。

136 » 推广

我们选择互联网作为我们的宣传渠道，并且进行网络销售。侧重于线上展示让我们有了绝对的自由度，并

© Carlota Santamaria

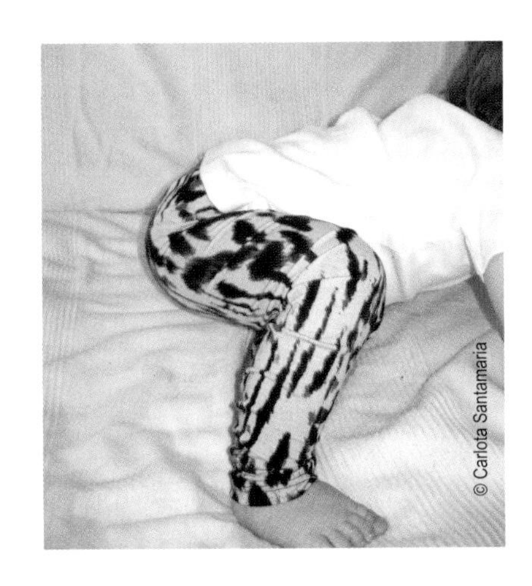

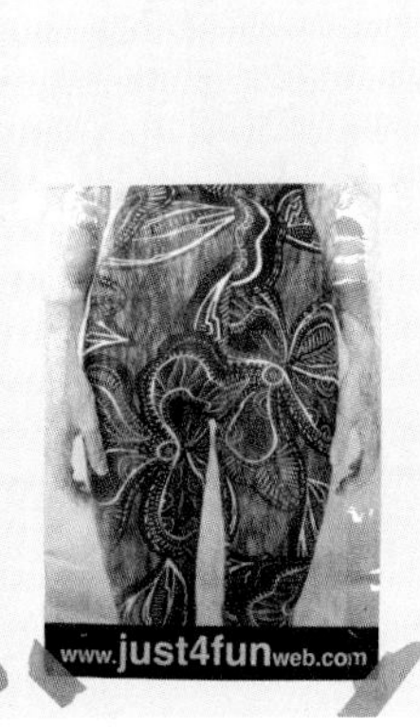

且可以掌控我们的品牌形象。将我们的事业基于网络意味着我们达到了一个对自身而言很重要的目标：品牌的民主化。你来自世界的哪个地方并不重要，只要你能连网，你就能看到我们的最新设计，就能购买你最喜欢的产品——不管你在哪里，我们都能递送给你。

137 » 形象

从一开始我们就很清楚地知道我们想要一个简单的、强大的和现代化的品牌形象。我们决定用黑白两色的Logo和经典字体。我们的广告和产品目录中的品牌形象采用白色背景上的照片，以凸显服装款式。我们不想要强加或者挑衅的态度。模特都有自己的个性，就像我们的顾客。

138 » 街头时尚 VS 时装设计师

时尚来自于街头。设计师和其他艺术领域的人一样，体验某一个时间段，吸收艺术氛围，同时也受社会、经济、政治和文化领域的影响。但是设计师如同催化剂一般，将这些影响转化成一项设计，附属于一种“趋势”或者在其之外。

139 » 好习惯

工作，工作，还是工作。

140 » 销售

只要有人从Just4fun那里买了一些产品，我们就会感觉又有人加入了这个项目。我觉得我们一直处于兴奋中。看到我们的品牌在出现在街头、杂志上，亦或轻舞飘扬……只要是在任何鲜活的事物中，我们就会感觉很骄傲！

141 » 灵感

趋势指南的创建至关重要。你得创造一种新的视角；人们需要新的梦想，新的情绪。无需害怕创造时尚新理念。

142 » 参考素材

当我开始设计新系列的时候，我的第一个念头是“女性的脸是什么样的？”“她背后的故事是什么？”我首先设计她的脸，之后我再考虑线条、色彩和面料。

143 » 工作场所

我需要在有条不紊的混乱中进行设计。所有的创意都融于“无感品味”中。你可以从一张老照片或者一张巧克力包装纸上获取灵感。在家里的时候，我喜欢在厨房或者床上进行设计。

THIS COLLECTION WAS CALLED
"love army",as you can see
the love inspiration is evidet!!

144 » 风格

我的风格是流行。传达这个概念很容易，因为我不会通过服装上的线条去改变这个概念，而是让服装完全改变去表达这个主题。流行，就是这样！

145 » 个性 VS 共性

Fiorucci是一个街头服饰品牌，所以追根究底它的文化来自于它的历史，没有个人主义的空间。

146 » 推广策略

美丽的想法都产生于梦境中。

147 » 进步

绝对的，唯一的方法就是带上你的背包去环游世界！

148 » 时装是艺术吗?

如果你为商业品牌设计，那你就不是在创作艺术——你得设计一些人们可以轻易穿着的漂亮服装。在我私人生活里，我喜欢制作插画和画画。说到底，我认为真正的艺术无法在商业市场中生存。

149 » 建议

在我的第一次工作经验中我学到了最宝贵的一课。我和两个女孩一起进行设计，她们向我传授了一个秘诀：团队协作是成功的关键！牢牢记住这一点，如果你想独立做成什么事的话，你会做得很糟糕。

150 » 好习惯

我可以说一个设计师不必去做的事情：不要去参加超时髦派对，不要自我感觉像明星，不要成为时尚体系的受害者，创造属于你自己的风格。

151 » 灵感

首先它来自于直觉。起初它对我来说只是一个有关主题的趣味性的创意。通常在完成了一个系列之后我才意识到为什么我选了某个主题。有时候旁观者清。运用你的直觉会让它变得很简单。

152 » 材料

对我来说，当我开始考虑一件件服装的时候，面料是系列开发的起点，是它决定了服装的廓型，而不是廓型决定面料。面料挑选的过程十分有启发性，这和设计师的手工艺有很大关系。

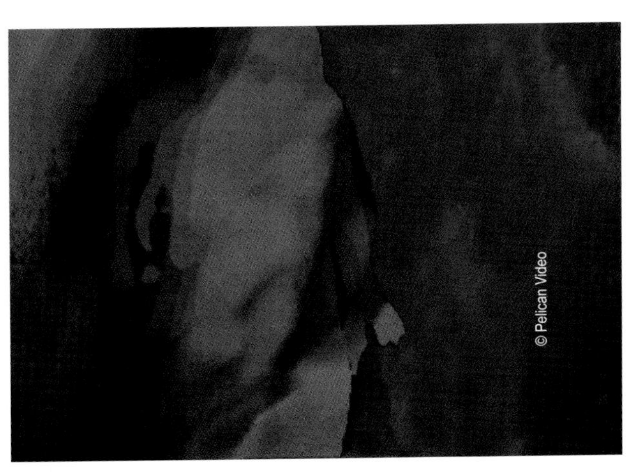

153 » 开发一个系列

对于我来说，造型是创意语言更加情绪化和个人化的表达。概念和图像是潜意识的过程，它基于个人的经历，而面料选择就是知识基础——专业背景。你对服装了解得越多，接触得越多，你就更容易掌握它并且少犯错。

154 » 你的左膀右臂？

我的男朋友，同样也是我们Pelican Video视频平台的搭档。一方面，他是我最忠实的评判者，另一方面，他的热情帮助我度过很多艰难时期。此外，我们

© Tabassom Charaf

共同的视频给了Pelican Avenue自己表达时尚——自己身份的方式。

© Biel Sol

155 » 品牌价值

我不想仅仅借助我的名声去获得更多的可能性。我喜欢匿名，因为他们有着某种程度的神秘性，Pelican Avenue（我曾经工作和生活的大街）有一种失落的辉煌感。我的名字具有误导性，因为它有一些保守的东西，而事实上并没有！我喜欢匿名带来的困惑感。

156 » 进步

我觉得进步是不需要担心的。当你保持专注并且持续用心工作时，它自然就进步了。你越专业就会进步。更难的是，如何将这种技艺与创新的力量结合而获得成功。

157 » 风格

我似乎对简洁的造型情有独钟。尽管这完全不是有意为之的选择，但我一直避免那些看上去不必要的剪裁和细节。

158 » 街头时尚 VS 时装设计师

我觉得在80年代以前，街头文化的发展很有势头。如今，店铺里的东西比我们想象中更受宏观商业和经济的影响。当然，有一群高端设计师保持了他们的独立性而获得了成功。

159 » 建议

你无法成为那个不是你自己的人。最好尽早接受这一点，做最好的自己。

160 » 好习惯

充满想象力，保持开放的心态，自我批判，毅力，有主见。

© Bettina Komenda

161 » 灵感

当我要开发系列的时候，我会结合我当时的感受。我在街上观察人群，从音乐、电影和网络上寻找灵感。每个刺激物都像在扣动扳机。他们会创造一种心理状态，赋予系列自己的个性。

162 » 工作场所

我们的工作场所很混乱。我和我的团队一起工作的桌子堆满了杂志、色卡、原型、饼干还有咖啡。我相信这反映出了我们对作品的态度——将它视为生活的一部分，因为好的创意不仅来源于我们的工作台，有时他们也来自于家里，或者当我们和朋友们聊天的时候，或者其他任何情况下。同样，在办公室发生的事情也不仅仅只关乎设计。

163 » 材料

我们主要采用皮革，从本地皮革厂购买。我们和皮革厂联系紧密，共同致力于当季的开发（比如光亮的、防旧的、褶皱皮革等）。我们订购自己需要的色样；换而言之，从零开始设计我们所需要的皮革面料系列。色

彩绝对是我们系列的基石。与市场上常见的皮革制品相比，我们的色彩更大胆。市场上的皮革产品一般是安全色系（黑色、棕色、褐色）。我们喜欢做色彩试验，因为它完全改变了每个系列的概念并且赋予它个性。

164 » 品牌价值

“Jet”的概念具有现代感，时尚感超越于潮流之上，品质极优。在品牌创立之初，其灵感来自于50年代的皮革旅行用品，那时旅行是极其光鲜的事情。这种魅力与对材料的研究进行结合，如氯丁橡胶的使用和冲压皮革研究成果。在功能性方面也做了大量工作，无论是在实用还是适型方面。这些概念每一季都会被重新拾起，新的概念不断加入，比如未来主义，复古或者任何在当代可以引起我们兴趣的主题，但总是被转化成“Jet”自己的语言。

165 » 时装是艺术吗?

我认为设计不是艺术。但是，它和设计一样，追求对美的创造。还有创造这些美丽事物的贡献者（设计师的“眼光”，还有手法）。

166 » 个性VS共性

我可以选择自己想要的东西，并且以自己的方法使用它，从这种意义上说，时尚具有专属性。它很民主化，因为趋势在各个层面上都可以进行表达，并且相似的着装方式是有可能的；换而言之，以相似的信息表达自己，但是在截然不同的预算范围内。

167 » 学习

我最宝贵的经验是，一个人应该有点乐趣，质疑自己，并且把工作当成挑战；简而言之，不要想着轻而易举地就能找到解决方法。

168 » 好习惯

设计师应该与时俱进，各方面都是如此。他们需要观察，再观察。尝试、思考、还有大笑（包括自嘲和自己正在做的事情）。

169 » 销售

当一个系列和当季的氛围一致，在功能方面满足了人们的要求，成为人们的追捧对象时，销售就会好。当我思考一个系列的时候，我会思考我自己想穿什么，我的客户想找些什么，什么会诱惑他们。此外，其目标还应该是创造一些具有原创性、个性化、美观的设计作品。

170 » 认可

最好的回报就是在街上看到我的产品，搭配时尚，其组合方式甚至超出了我的想象，拥有了自己的生命。

171 » 灵感

一个系列的转折点大多数情况下都是在不经意间出现的。它可能是一刹那间产生的简单想法或者只是一个路人的一瞥，激发了我心中本身潜藏的灵感。当我看到巴黎夜晚行走的一个男人穿着的一条精致牛仔裤上的细节时，我就知道下一个夏季系列主题的基本框架了。

172 » 缪斯

当我做设计的时候，脑海中浮现两种类型的女性。一方面，我想着我自己的朋友们：年轻的30出头的都市女性，他们的多样性代表了我们的客户群体。另一方面，我想到我自己视为“偶像”的人，一些我仰慕的女性艺术家，她们的作品和样貌。在我起稿的时候我几乎很少想到自己。

173 » 开发一个系列

你必须从整体的角度去看待，无论是通过T台，还是旗舰店，又或者是商业展厅。单看系列中的一件服装，它仅仅是一件可爱的毛衣或者一条漂亮的裙子。而事实上，系列中的每一件服装都与另一件服装相呼应，服装上的素材与图案都凸显了中心主题。

174 » 面料

我寻找独特的面料。当我旅行的时候，我会在当地的市场上寻找一些符合我初步想法的稀有服装或者复古面料。当然我也通过一些专业的制造商展会去寻找一些质量上乘的面料，意大利纺织工人和法国刺绣工人对奢华面料有他们自己的诀窍。我与亚洲的工厂也有合作，他们专门为每个系列开发花型。

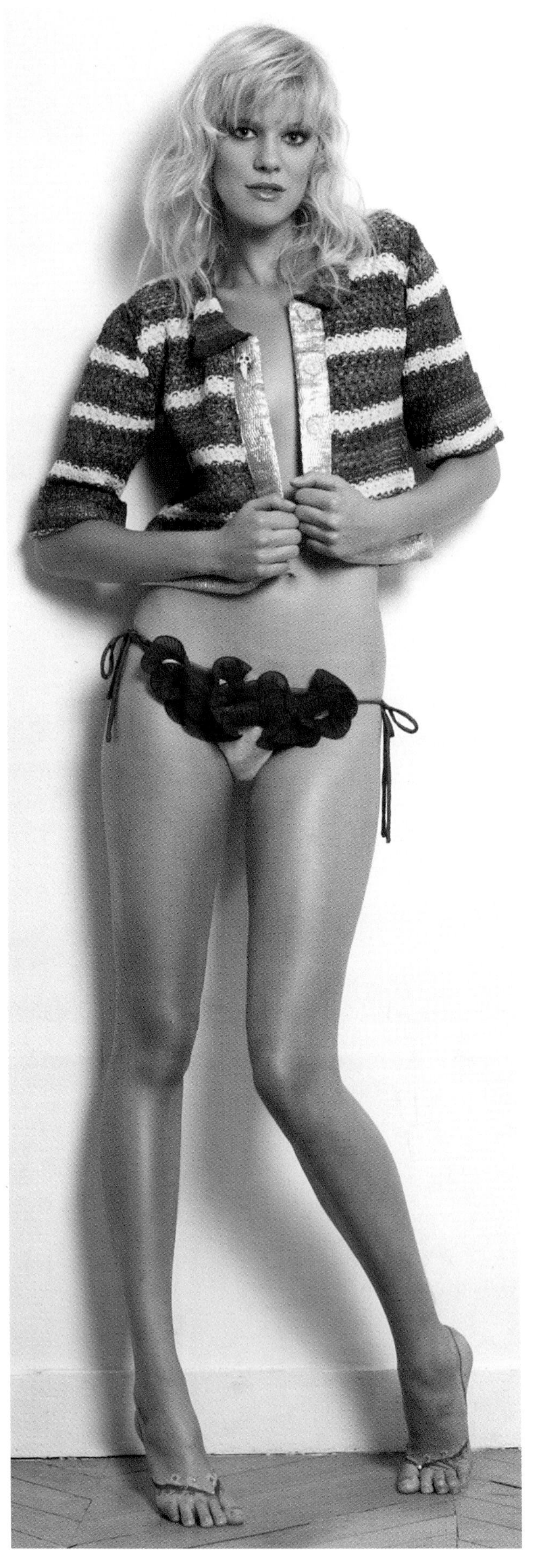

175 » 色彩

它们可以提升系列的活力，使之统一，协调。在我开始进行有效的采购和造型调研之前，我都会选择一个不变的色彩表，并且在整个系列里严格贯彻这个色彩表的概念。这是第一个步骤，是启动整个系列的第一步。

176 » 品牌价值

Touch Luxe的产品面料奢华，具有高级时装设计的细节——与趋势同步，剪裁新颖，所有这些都是现代时尚女性的追求。客户想要的是非对称、打破常规，略带叛逆的风格。她们喜欢标榜和把玩时装界里的自由，同时又保留了精致女人味。

177 » 推广

我们要传达的信息就是从不遵守任何准则，跟随你自己的品味，并且不要太过严肃。我们的服装成为人们迷恋、追捧的对象；女人们成为她们自己的芭比娃娃。

178 » 进步

在这个行当里，截止日期是唯一需要遵守的准则。对我来说，知道什么时候为系列画上句号很重要，因为在我眼里，任何东西都有待进一步的成功和满意度。我的期望变化很快，新的点子每时每刻都在脑海里产生。常常总是在当前的系列还未结束的时候我又开始筹划下一个系列了。

179 » 时装是艺术吗?

我不制作艺术，这是肯定的，我只制作服装去表达我的内心，但是说到底它们毕竟也只是服装。

180 » 好习惯

设计师应该对旅行充满热情，且细细体味，还要有一个超大容量的包，因为如果你和我一样凌乱，你购物的时候就会积累一大堆东西——比如素描本、相机、杂志、Ipod、手机、日记，还有很多面料，你很可能要带上它们走一整天。今天我的必备品是灰色连帽拉链运动衫，与我们自己品牌Touch Luxe的裙子相搭配，随意而轻松。

181 » 参考素材

最重要的一点就是要设计人们想要穿的服装。设计有时候很容易被复杂化，我们专注简单的线条和有趣的可穿着廓型。

182 » 灵感

Limedrop的每个系列都有一个大致主题和标题，反映这个品牌趣味性的本质特征。主题绝对是品牌识别的最重要部分。2008春夏的“全部3D”系列的产品画册是用立体成像技术拍摄的（你可以戴上3D眼镜观看），色调为红色、青色、银色、白色、黑色。2009春夏的“蛇和梯子”系列以棋盘游戏的方式呈现。

183 » 面料

面料是我们产品中最重要的部分之一，我们的供应商数不胜数，要看一大堆面料系列才能选出本季的最佳面料。我们寻找特殊效果和纹理的面料，通过印染和处理，创造我们自己的面料。

184 » 推广

我们要传达的是年轻和创新。很多大型活动采取创新的手法来展示服装，我们借此定位我们的品牌，我们在“Penthouse Mouse pop-up”零售店里和欧莱雅墨尔本时装节举

© Tom Friml/www.tomasfriml.com

行了现场拍摄活动。观众们可以看到Limedrop时装摄影的整个过程，同时也目睹了我们的后台。Limedrop承诺趣味、活力和想象力。

185 » 进步

如果你停滞不前，你就会被抛在后面。在标志性产品和重复同样的创意之间有一点点细微的区别。每一季我们都会改变关键款式的外观，并且重塑前面一系列的风格，因此，故事会有连续性。我们希望人们将新的产品融入他们的衣柜，而不是每一季都重新规划他们的风格。

186 » 风格

我们认为，每一个系列的风格都在改进并且强化。作为设计师，我们需要学习和提炼，但是学习的过程中也会出现一些错误，并且会遗留在人们的心里。这是一个非常危险的行当。

© Mia Mala McDonald/www.miamalamcdonald.com

© Anna Marcella

187 » 街头时尚VS时装设计师

时尚来源于人们穿着的服装和想要穿着的服装。设计师是把这些带进生活的人，他们总是有新的点子。

188 » 好习惯

设计师需要有接受挑战的欲望和质疑一切的天性，内心还要有求知欲。

189 » 销售

实现好的销售需要综合产品品质、时机和良好的公共关系。好的销量是我们继续这个品牌的唯一道路，所以它对我们的创造性有绝对的影响。我们要兼顾我们想要的设计和人们想买的设计。创造性对我们来说不能是一个自我放纵的追求，也不是只追求最终结果。这两者之间必须有平衡。

190 » 认可

Limedrop是对我们能力的最佳肯定，它让我们意识到我们可以提供出人意料的产品，也让我们戒骄戒躁。

191 » 灵感

对我来说，每一个新的系列都是从之前的系列衍生出来的。第一步就是继续对上一个主题的研究，从而找到一个让我重新开始的新方法。我的探索就是要找到一个结构设计的新方法。为了找到它，我在旋转的人台上做测试，这样可以围绕着模特工作，处理面料，进行试验。

192 » 开发一个系列

由于概念总是与一种或者几种结构工艺相关，这对我来说更容易将它应用到其他产品上。同时它也很有趣，因为不同的材料会使技术更加丰富成熟。

193 » 面料

我并没有偏好。我喜欢尝试新的面料。我对质量非常讲究——不仅是对原材料，对面料的制造过程也一样。我喜欢高档的面料，一般用莱卡。我也喜欢用针织面料。面料给予我灵感。

194 » 色彩

我一般选用相同的颜色。我很喜欢也很有兴趣在一件服装上只用一种颜色，仅仅改变面料的材质。我不喜欢太鲜艳的颜色，更不喜欢“时下流行”的颜色。我有自己的色调，如灰色、米色、土黄、蓝色、黑色、棕色。我不太使用对比色，在这点上，我经常重复这样的做法。

195 » 品牌价值

Cora Groppo承诺知性美。

196 » 传统制造 VS 试验

我倾向于基于传统的试验以及利用技术资源。成功来自于设计一些最终能制造出来而不用手工完成的东西。我认为设计一件标志性的款式是根本。我经常在一个系列的结尾时才做到这一点，这时候，我所调研的一切得以整合。

197 » 推广

我个人负责推广。对于市场营销的规则不是特别感兴趣。我已经认识到最重要的就是产品。它能够传达你所想的

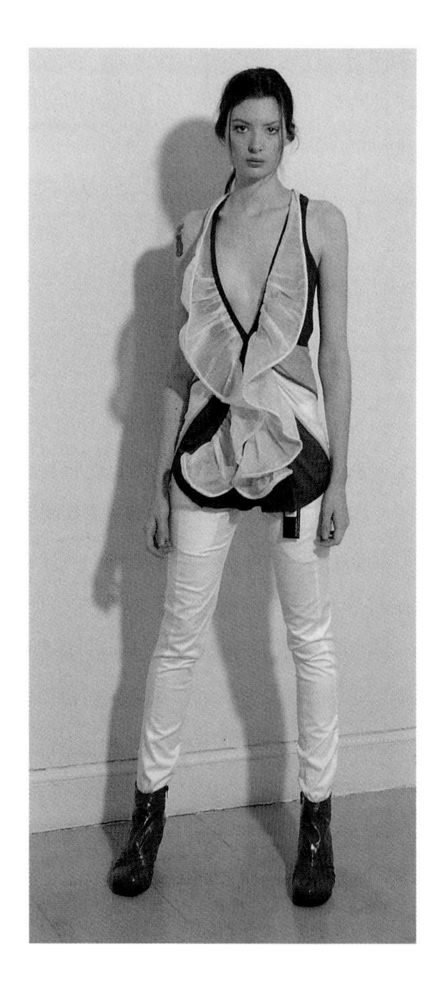

一切。本质上，我的宣传形式就是表达自我的工具。我并不想宣传一些事先设定好的信息。

198 » 进步

我感觉每六个月就要强迫自己超越一次。这样的坚持不懈让人难以置信。自信和稳定是创意空间和团队组建的两大基础，并且与项目相切合。

199 » 风格

随着时间的推移，我渐渐明白，坚持某些事情，而且还能继续创造惊喜，这并不容易。为塑造出自己的风格，你必须对你感兴趣的元素持续工作，比如色调、形态学的研究、肌理和比例。

200 » 认可

在T台上五分钟的辉煌只是纯粹的肾上腺素的作用，而真正的认可或者切实的成功来自对顾客来说不可抗拒的产品，并且顾客最终选择这些产品。

201 » 灵感

当然，你的系列总是受感性而启发，无论它们是有意识的还是无意识的。

202 » 面料

我们组织面料生产商参观我们的工作室，也参加面料展会，去一些复古商店搜集面料灵感，尝试采购适合我们的理想面料。

203 » 传统制造 VS 试验

作为一个品牌，其风格应该是稳定一致的，我们的风格受到买手认可，从之前的表现来看，买手们知道这些服装

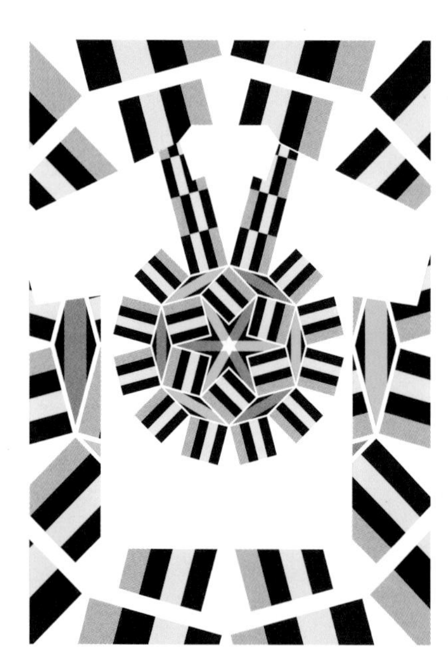

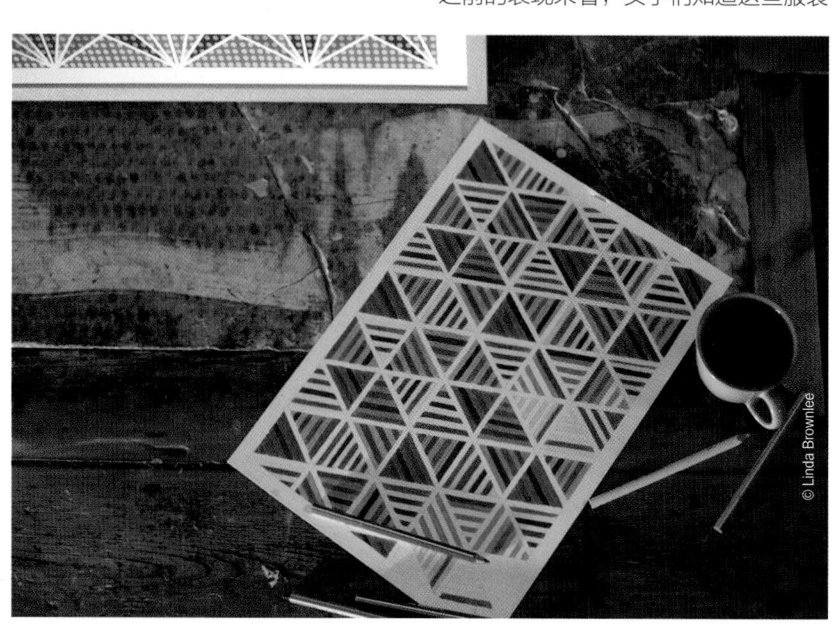

© Linda Brownlee

会有好的销量。同时，新的设计会刺激顾客的购买欲望。传统很重要，创新同样如此。

204 » 个性 VS 共性

我认为是个性。我希望通过我使用的颜色可以让穿着我的服装的人脱颖而出。

205 » 品牌价值

年轻、热情、有趣。

206 » 时装是艺术吗？

我是一个在时尚圈里工作的艺术家。

207 » 建议

除非你能确保回报，否则千万别花大把钱；在没有准备的情况下别下赌注。

208 » 销量

如果你没钱的话可能会遇到许多障碍。一开始的时候我没有想到自己是在经商，很容易就跳上了过山车一般的创造力和花费，花费，花费，但是如果你没赚到钱的话就会像一艘大船一样沉下去。要随时做好赚不到钱的准备，因为时尚是昂贵的，而回报可能恰恰相反。这是生意，你永远都不能忘记。

© Toyin

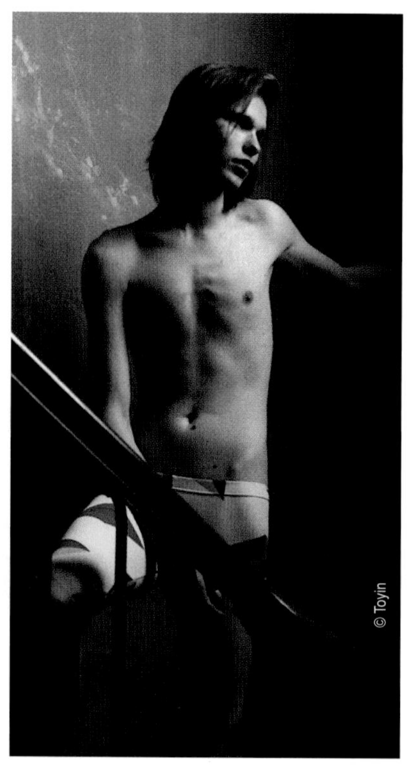

209 » 认可

美国版的*Vogue*杂志和英国版的*Vogue*杂志在一个月内四页连载报道我们的品牌，这就是对我们的认可。

210 » 好习惯

要有好口碑，对同事友好，不要把它变成竞争，也不要把自己和别人比较，比较可能会带你走上下坡路。还有一个秘密：如果你在时尚界不是一个“讨厌”的人，你就会脱颖而出。

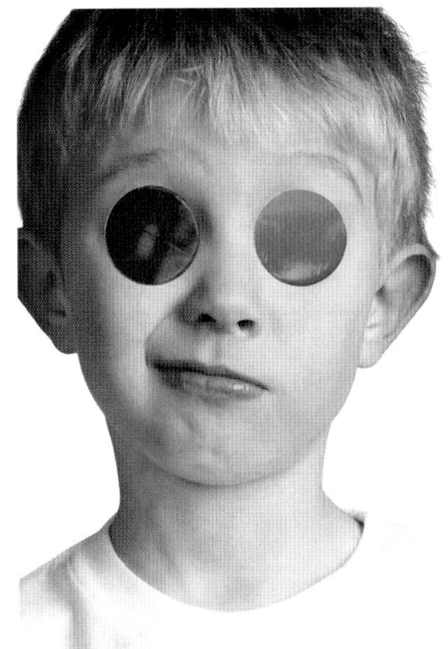

211 » 灵感

趋势无所不在——可能在一本书里，或者在秀场上，或者在精品店里，又或者是化妆品。我所做的第一件事情就是对在不同场景中重复出现的基本概念进行调研；将其作为特定时间内的社会趋势进行观察。

212 » 参考素材

我们在两年前认准一个主趋势，在那个系列中将其作为品牌战略去遵循。然后选择颜色，就品牌的细分化决策，并且筹划新零售店的开张。

213 » 开发一个系列

每一季中并没有特定的主题；但是在所有产品中有一些主要的概念。其中的一些创意并不是时尚。他们是品牌价值，因此，是永恒的。它必须在我们的每一条产品线都体现出来——男士、女士和儿童——但是效果各不相同。

214 » 制作

当设计一个系列的时候，我们尊重这一准则：Kickers是原汁原味的，休闲的品牌。明缝装饰细节是我们的标志之一，因为我们尊重鞋子制作的原始方法的精髓和其唯一性。我们的品牌源起于牛仔裤，并将这个非正式休闲风格转换到鞋类产品中。

215 » 品牌价值

制作鞋子，质量和舒适度是根本。品牌的承诺是质量可靠、时尚。

216 » 团队合作

在我们的工作室里，有一个公告板，团队成员们可以在上面附上自己的创意。在那里，我们可以看到从附有调色板的拼贴到间接创意等一系列的东西。之后我们选择一些可以实现的想法。

217 » 进步

在诠释我们所生活的时代和品牌价值之间寻找平衡点。只有当趋势和我们的价值相关的时候，才会对它们进行整合，并且要将它们修正，使之符合我们产品的整体形象——我们的鞋类产品与牛仔裤相搭配。通过融入时尚的元素进行提升，就像楔形鞋。

218 » 风格

我们的产品系列都有一个纲领性的策略，所有的部门都要贯彻：生产部、零售部、公关部和市场部。

219 » 推广

我们将自己定位为“跨代”品牌，为了达到这个目标，我们要做全方位的公关工作：机构、媒体关系、产品发布、营销手段、服装杂志等。

220 » 销售

我们的主要市场是儿童，作为延伸，也将成人市场作为目标市场。客户没有任何的特定年龄，但是他们对生活都有一种态度：和儿童玩，去享受。成人喜爱Kickers是因为它让人们想起了童年的时光。

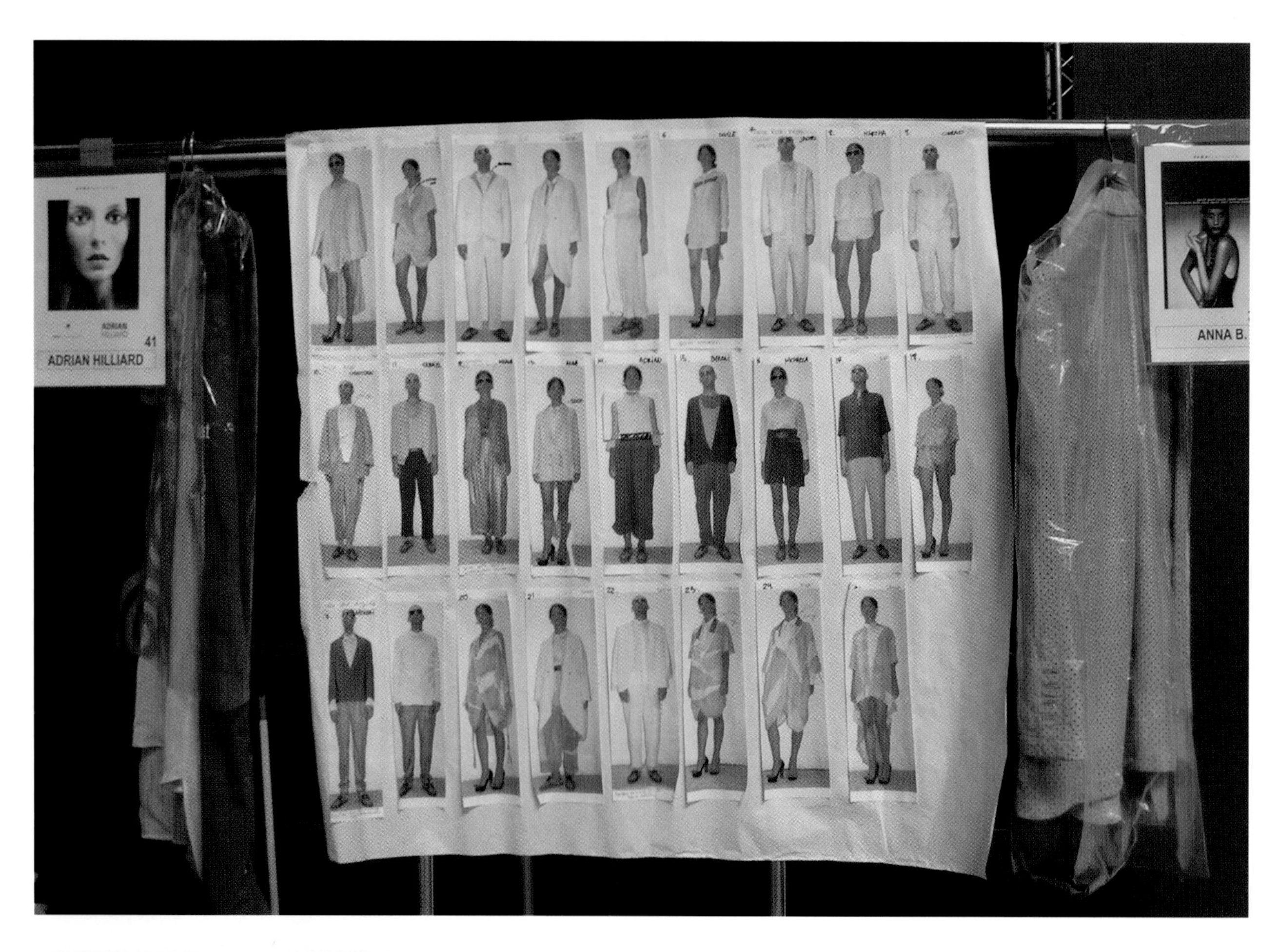

221 » 灵感

开始设计的时候，我想到一些感受，尤其是那些伴随着场景出现的灵感。设计的时候我脑子里虽然并没有出现一些特定的人，但是会有色彩、性格，还有一些短语甚至音乐。

222 » 开发一个系列

我有几个测试假人，根据我是否需要看到整体款式或者只需要解决部分问题，会使用其中之一。为了将系列的主题体现在每一件服装和饰品上，我有时候会制板，有时候直接使用面料；然而，只有在这两者之间实现平衡才能完成好的作品。我希望这个概念被认可，而不是把它当成一种伪装。

223 » 传统制造 VS 试验

无论优劣，你都要尝试着创造一件标志性作品。对我来说，它就是斗篷；这是我系列的调色盘。我更喜欢试验，但是我更多地通过面料而不是造型来做试验。

224 » 个性 VS 共性

我的服装让人们感觉与众不同；尽管如果把它们放在一起的话，看上去就会像个马丁·拉莫特部落，这曾经发生过一两次。我们的品牌关注色彩、概念和外观。

225 » 材料

之所以选择某块面料是因为我爱上了它带给我的感觉，或者因为它具有的可能性。我经常购买面料，稍后就把它们完全改造，甚至连它的制造商都认不出来了。它们通常是本土的或者是欧洲制造商。在每个颜色上都寻找很多东西——我的理念取决于它们。大多数情况下我创造自己的色彩，这样和纹样才能搭配协调。

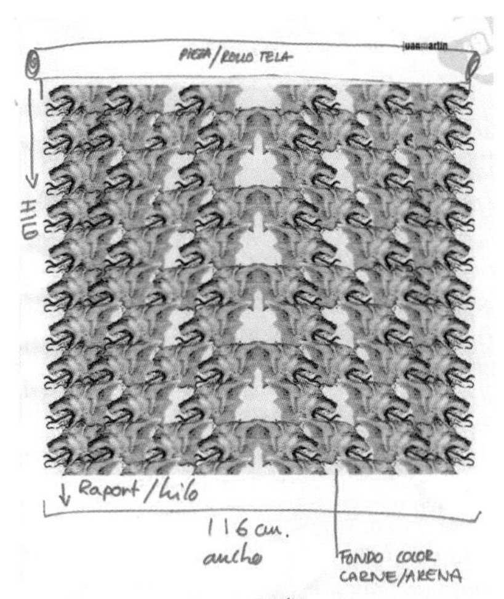

226 » 推广

我对这一点十分重视，Martin Lamothe甚至有自己的推广人员，由Victoria Gómez领导。我们传达的讯息是清晰并且实际的：艺术和音乐。我们的战略是和国内以及国际知名艺术家开展工作，完成系列的概念设计。我们将它作为一个整体去完成，涵盖一切，包括照片、物件、甚至影像艺术。

227 » 进步

这并不表示每一季都要超越自己；它是一个提升或者尽力将自己更多地展现出来的过程。我感觉自己在不断发展，慢慢变得成熟，并且舍弃一些容易的解决方案，这样就可以用我的方式更多地表达自己，而不是与自己想表达的背道而驰。

228 » 时装是艺术吗？

我不做艺术，我创造时尚，但是我用创意性的方式做时尚。有一小部分的时尚是来自于街头，另一部分来自于设计师。它就像一个良性循环。

229 » 好习惯

最好的态度就是总是认为一切都会变好。作为一个设计师，其作品应该是严苛的，不能自满。最好的奖励就是在预展时整个系列得以完整地呈现。

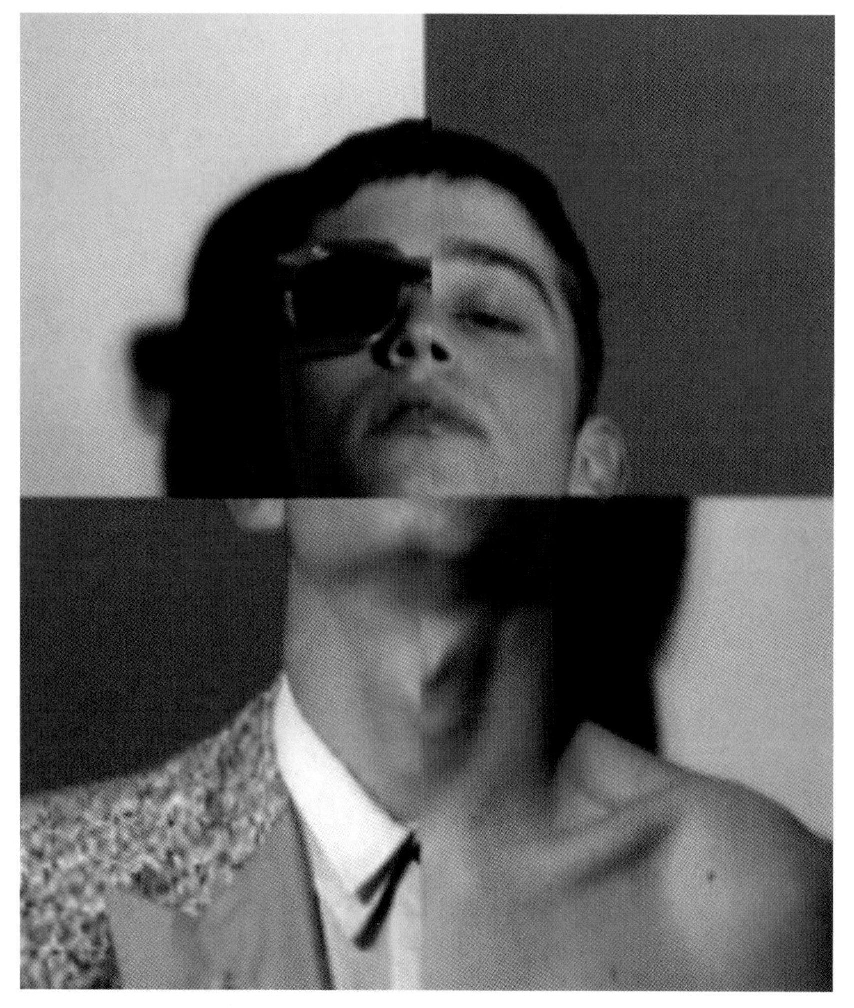

230 » 销售

当时装作为独立的一部分，我还没找到关于良好销量的秘诀，因为有时候，你觉得根本不可能畅销的产品突然很叫座，而一个原计划更具商业性的产品却卖不动。所以我就干脆不管分析了，只是尽量把系列做得尽可能地漂亮。如果你尽力了，就会有好的销量。当然，前提是价格不能过高。

231 » 灵感

我的灵感来自于当代女性和她们的生活，伴随着日落、星空、寂静、风、孩子、圣人和疯狂的孩子。

232 » 工作场所

Emilia是我的模特；她经常和我到各种场合出差。我喜欢在超然和谐的氛围中工作；我的工作室就像一个舞蹈学校。绘图桌有点老土，一个石板，任何时候我需要的东西都放在上面。

233 » 参考素材

我想象一些世界各地注重生活品质的女性，她们具有幽默感、优雅、感性而端庄，总是让人充满惊喜又十分稳重。

234 » 开发一个系列

根据整个系列的基调，我可以直接在模特身上操作，有草图，通过拼贴的方式，塑造服装的造型。

235 » 材料

我使用天然材料，但也会使用日本高科技材料。我经常在全世界范围内挑选面料。天然材料能塑造神奇的效果，非常亲肤，面料的触感能影响一个人的精神状态、嗅觉、排汗、人际关系等。

236 » 哲学

我觉得自己一直都要展现最好的一面，并且在个人和社会的层面为女性生活作出贡献。成为一名设计师担负着很大的社会责任。

237 » 传统制造 VS 试验

我尝试着设计新东西，但是要用有质量和智慧的经典手法。我的标志性款式被称为“Monade”，是一个原创的廓型。

238 » 品牌价值

诚实。

239 » 时装是艺术吗?

我制作的服装受现实生活中艺术的影响。

240 » 销量

要让系列卖得好，你必须先相信它；没有什么商业准则能够定义流行市场。

241 » 灵感

我们会创造一些吸引我们的主题，比如“身份”系列里的身份，或者“突变美丽”主题系列中变化的外观。后者的灵感来自于一个电视节目，其中选手们通过美容手术而改头换面，给他们带去快乐。主题就像一个装满创意信息的盒子，你可以从中提取形式、图案、色彩和效果图；它们必不可少。

242 » 开发一个系列

我把所有东西都黏贴在墙上的白板上，去观察他们的色彩、面料和形式；接着将它们一件件地设计出来。

243 » 面料

我根据系列的概念、想要传达的内容、克重、所塑造的形式来选择面料。我从不使用给人感觉很差的合成面料。

244 » 传统制造 VS 试验

两者结合。最佳状态是从传统出发而进行的试验。

245 » 品牌价值

有趣，有一定的唯一性，还与众不同。

246» 参考素材

我们经常和艺术家合作。比如，上一个系列和Charity合作。和她是在国际艺术节上认识，这个活动关注可回收艺术。她有一个项目，叫做“好多

The Mystic Onion

© Eric García

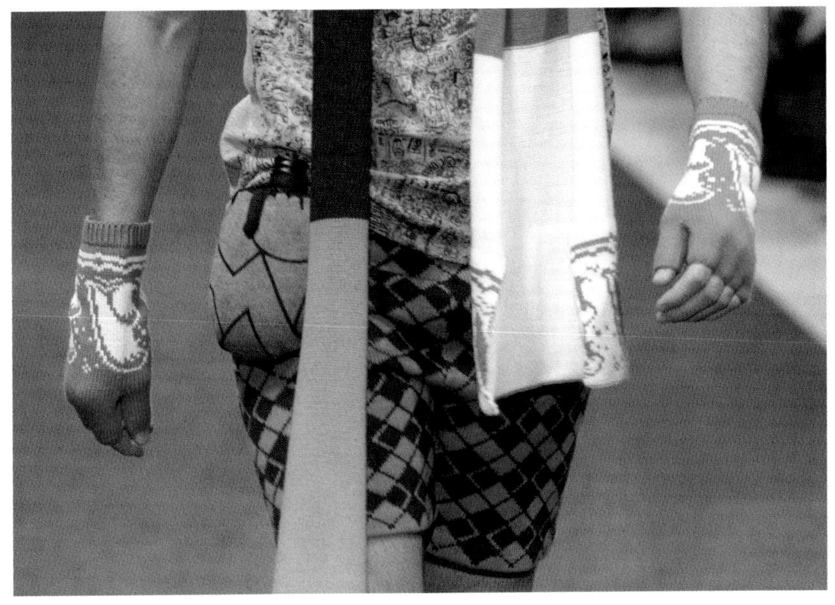

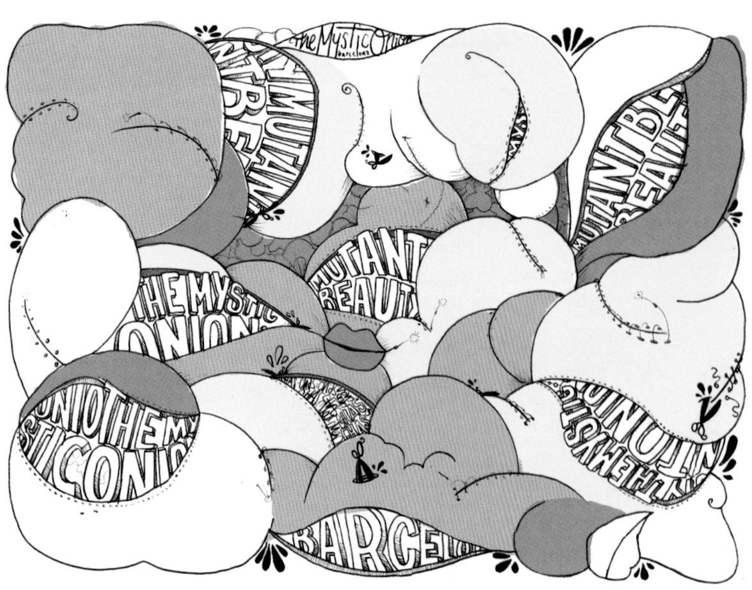

项目”，利用很多柔软的玩具，通过改变它们的部件，将它们转换成不同的东西，就像前面所说的美容手术对人的改变一样。相对于“突变美丽”系列的极端主题，这是一个简单的手法。

247 » 推广

推广是必不可少的，事实上，我们在推广方面有一定的经验。对我们来说，系列设计就是讯息的传播。当你穿上一件衣服的时候，你在表达许多关于自己的信息。音乐品味、社会地位、精神状态、背景、文化等。广告形象只是另一种概念传播的途径，即通过服装进行传达。

248 » 推广策略

传播的讯息是系列的主题，而策略则是通过每个系列中必要的载体而体现出来：明信片、线上邮寄、网站、展示和实际服装中的标签。我们的品牌有很明确的形象，要忠实于它。

249 » 个性 VS 共性

时尚具有民主性和排他性，取决于你愿意付出什么。

250 » 销售

一个平衡性掌握得恰到好处的系列是由以下因素组成的——表明一个形象；在T台上展示、在媒体中曝光并能清楚地传达一个概念；既有创意又有商业性——换句话来说，也就是对更广泛的大众来说，其可穿性更强。

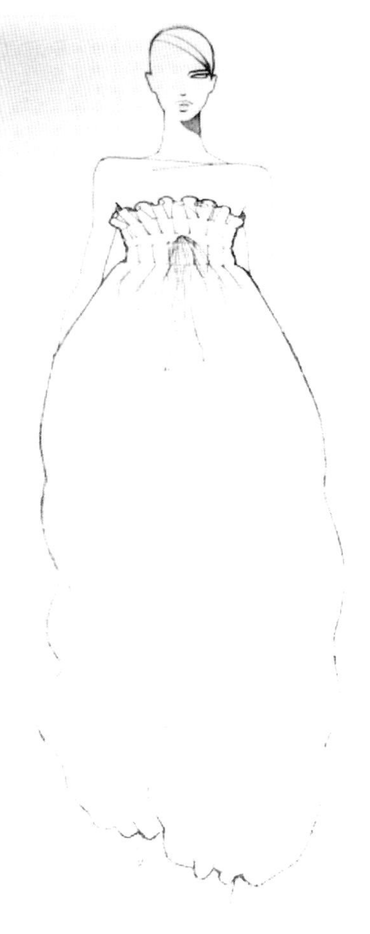

251 » 灵感

可能有一个或者更多的诱发点。我的旅行就是灵感的最佳来源；尽管有时候灵感也来自于一场艺术展览或者电影。

252 » 灵感

设计的时候，我脑子里想着两种人。一个是我的常客；另一个是我想征服的人。我就画他们；把他们放在工作室的公告板上；把他们的名字放在上面，让我的团队成员们一起写下他们的喜好：他们中的每一个人喜欢干些什么，晚上出门的时候会做些什么，他们的身材如何，他们喜欢展示什么。

253 » 开发一个系列

将概念传达到系列里的每一件服装上，我为每一季的主题选择代表性的细节。在我系列里有一个重复出现

的元素：褶边，在不同的场合有不同的使用方法，并且符合所选择的服装款式。

254 » 面料

每一系列我都会使用两组面料。一组是固定的：丝绸、羊毛，并根据季节变换而改变织法的羊绒。第二组是挑战性的一组：它们是印花、锦缎和提花织物。我从法国、英国和意大利的精选店里找到这些面料。对我来说，去欧洲的旅行总是充满期待。

255 » 你的左膀右臂?

我们一共有5个人。我依赖于每个人的不同领域。当我们一起制作某个系列的时候，我们聚在一起，每个人给出他们的意见，从产品经理和她的助理到销售经理还有行政主管。

257 » 风格

我们只选用高档的面料，比如各种天然的丝绸，还有纯棉。手工艺的运用使每件服装的所有细节具有了自己的风格：手工卷边、刺绣、最终的缝份。个性与传统息息相关。我的服装是为提升穿着者的个性而设计的，这就是我对优雅的看法。

258 » 推广

我们将宣传工作交给媒体机构，我监管每一个细节。对秀场上的重要时刻，要确保它们在最重要的媒体上进行报道。对于邀请嘉宾、媒体稿件，还有媒体类型都十分挑剔。

259 » 挑战

不再只是要每六个月超越自己一次，我们的需求是现在要做一些旺季藏品。人们已经厌烦了每季挂在衣架上相同的东西，他们需要一直都有不同的东西在更新。这就是为什么要更新每一个系列，并且为Punta del Este的夏季做了度假村特别系列的原因。

260 » 进步

只有一种风格，它不会改变。这是我的标识，我尝试着与时俱进，接受来自最前沿的艺术、音乐、电影和戏剧方面的挑战。这给予我们更多有关设计和生活方式方面的新理念，它帮助我们的品牌青春永驻。

261 » 灵感

我把每一个服装系列都当成全新的篇章来对待，同样的故事随着季节的变化会展现出不同的面貌，我则依靠不同的感知度来讲述这些故事。进展得越深入，对于概括性或者线性的处理过程就越会赋予更多的自由度。我学会了给机遇留出更多空间——与机遇邂逅，感受那些看起来似是而非的关联，然后相互碰撞产生火花。

262 » 开发一个系列

进行系列创作时，我会在组成系列的各个款式中倾注很多思想，我的创意尊重人

体结构、解剖学。在褶皱、立裁和裁剪过程中，我会把某一个部分到底应该使用软或硬接缝、曲线或褶皱具体地表现出来。创作过一个又一个系列之后，你就会渐渐了解自己，能够诠释自己的创意。所有事情都会自然而然地成形。

263 » 色彩

我喜欢寻找中间色，不饱和的与柔和的颜色，以及那些难以描述的色彩。而且简直为白色着迷！在我眼中，着色或不着色都是为了衬托服装的造型。我喜欢那种凸显出服装的造型和材质的色彩，能让你的眼睛第一时间注意到服装结构。

264 » 传统制造VS试验

我喜欢尝试新事物，喜欢前卫的风格和现代感，尽管有时候时代已经过去，留下的只是痕迹。我喜欢富有变化和浪漫的奢华，喜欢带有质疑和困惑感的事物，也喜欢它们所表现出的不一致性。然而不幸的是，现今这一代的很多专业技术、手工和传承理念已经被边缘化了。

265 » 品牌价值

购买设计师品牌的服装是一种个人“消费”时尚的方法，相对于时尚“高速路”来说，它更像一种另类的小径。但我感觉自己像一块吸收时代精神的海绵一样！所以，我做出来的东西为大家提供了一种选择，一种同时具备独特性又根植于集体存在的选择。

266 » 推广策略

买手和顾客都是来挖掘时尚新天地的客人。所以你必须敞开门，把钥匙交给他们。我会试着去创造一种联系，将我看待世界的方式和他人的感观联系起来。与媒体打好交道是这个策略的核心。我在巴黎有一间媒体办公室，在这里把作品展示给所有记者。

267 » 风格

我以自己最谦逊的方式，努力为愿意穿上我作品的女士们设计一种日常的飘逸着装，看起来有如诗一般的语言。

268 » 哲学

我认为时装设计是一种永不停止的往复运动，穿梭于实实在在、转瞬即逝的感觉中（这种感觉有可能产生于街角）以及设计师自己独特的感性中。

269 » 好习惯

了解自己是一种无价的财富。只有了解自己之后才能找到属于自己的工作方式。

270 » 销售

一个成衣系列如果既能拥有独特性又有可穿性的话，就会有不错的销路。想要卖出自己的作品需要付出相当大的努力，还要取决于客户的类型、市场营销工作和公关资源。

271 » 灵感

我从面料和造型中获得灵感，也会关注之前出现过的元素。我的设计有一定的延续性，更像是一种前行的方式，不断向前迈步。

272 » 工作场所

工作室和制作间是分开的。工作室是设计定稿的地方，制作间则是服装制作的地方，会很杂乱但有生气，记者们通常很喜爱制作间。

273 » 材料

有些材料能够原汁原味地表达设计理念，有些材料能够让人们看到它背后的含义。重要的是能够掌握各个款式之间的节奏感，留出喘息的空间。如果触摸一块面料时脑中会浮现出用这块面料制成的服装的样子，我就会选择它。我绝不说“绝不”。一切都由设计语境而定，当把设计语境以有趣的方式表现出来时，任何事情都可以变得美妙。每一季我都与同一批公司合作，拥有固定的“协作伙伴”。

274 » 色彩

色彩是一种情绪。与各种材质搭配在一起赋予了其更美更有深度的意义，同时两者间的平衡也是我做最终决定的因素之一。

275 » 传统制造 VS 试验

我大量使用巴黎高级女装定制的传统元素，既有传统的思想和工艺，又有现代感的外观。

© Shoji Fujii

© Shoji Fujii

© Alfredo Salazar

276 » 你的左膀右臂？

从一开始就和我的伙伴Guido Voss和兄弟Damian Yurkievich一起工作。

277 » 推广

如果要塑造一种风格，那么拥有明确的形象非常重要。我们通过各种秀场展示自己每一季的风格，还会举办一些发布会。

© Shoji Fujii

© Alfredo Salazar

© Shoji Fujii

278 » 理念

在每一季中我都会保持品牌的精华和理念，并在系列产品之间营造出平衡感。但我有时也会冲动地使用某些面料和造型，有时则会受到旅行或者艺术家的影响。

279 » 时装是艺术吗?

不是，但有必要认识到创造时装其实和艺术家的工作有相似之处。我经常邀请艺术家们参加我的服装秀，他们可以带来更感性的认知，让整个系列变得更丰满。

280 » 销售

我得考虑适合我们公司的产品。我们的圈子很小，所以每一季很容易产生一些新点子，以满足销售的需求。

281 » 灵感

不断实验，从你所做的事情中获得乐趣。

282 » 色彩

常穿黑色皮质服装。不仅性感，而且黑色适合所有体型的人。

283 » 开发一个系列

自学新工艺，如此一来你可以将自己的特点融入其中。

284 » 风格

永远不要追随流行色，使用你自己觉得舒服以及符合自己原则的色彩，远离荧光色……

285 » 进步

设计是一件很耗费精力的事，能让一个人迷失在自己的世界里。有一个能一起工作的伙伴总是好的，哪怕你们做的事完全不同！这样能让自己不至于发疯，就算疯也有人一起疯。

286 » 个性

别把自己太当回事！你的支持者并不会在意你纠结的小事情。

287 » 你的左膀右臂？

人脉很关键，特别是当你作为设计师刚出道的时候，与摄影师、造型师、化妆师成为朋友，在行业内，人们都会互相扶持，特别是在经济不景气的时候。

288 » 使命

这个行业不适合懦弱者，在出道之初，往往需要超长时间地工作，而薪水很低，甚至接近于零。你不能只为了金钱而进军时尚业，而是因为激情。

289 » 建议

永远不要有满足感，要一直奋进。

290» 好习惯

忘记你做过的成功的事情，记住你做过的失败的事情。

291 » 灵感

灵感永远不只来源于单一的事物。为设计一个系列打下坚实的基础很重要：用头脑风暴法提出创意——如何设计外观、设计师团队的协同作用、必要的市场信息、去国外旅游获取最新潮流以及最重要的一点，用设计师的想象为作品添上魔力的一笔。

292 » 开发一个系列

对我来说，最重要的不光是学习时装设计，还有打板和缝制。有了这些能力我就能轻松地将想法画到纸上，进而用面料缝制成衣服。如果一个想法能被清晰地画出来，那么制作也会变得非常简单。这是作为一个设计师的精髓之处，是展现你能力的地方。

293 » 色彩

我的系列作品中，强烈的色彩总是有一席之地，用在细节或者饰品上起到强调作用。大部分作品都是中性色系，我的基本色是黑、白和自然色调。

294 » 参考素材

自然界给予我启发，无穷无尽。同时，需要随时掌握艺术、设计、科技、文化界的动态。对周围事物的敏

锐度很重要，要让自己随时了解正在发生的政治、经济和社会大事。

295 » 传统制造VS试验

传统和试验之间的平衡是时装界至关重要的一点。不论什么情况下，我的产品中经典的元素总是多于前沿风格。对于一家公司来说，最重要的莫过于有自己的标志性款式。我们公司的标志性款式则是雨衣，一件适用于任何场合和季节的完美之作。

296 » 推广

没有推广，品牌将无法存在，或者说无法长存。我个人负责处理所有媒体关系以及营销事务。我们需要传达的信息就是品牌的DNA：女性化、典雅和时尚，通过一系列的电视、杂志和新闻媒体曝光来实现。

297 » 开发一个系列

我所选择的材料都是由天然材料制成的。在我看来，面料、成品以及任何一种配饰都必须是最高质量的。我通常喜欢穿着舒适的面料，不过我不会对一样东西说“绝不”。最近我在设计中增加了亚麻和聚酯材料，此前我从没想到会这样做。

298 » 色彩

品牌的概念并不会随着每一季的改变而改变，但每一个系列都应该有惊喜和吸引人的新点子。现在我们正尝试创造出更年轻、更休闲的造型。

299 » 销售

在创造系列的时候，设计师应该对服装的营销有一个概念。他需要明确客户想要什么，并满足他们的需求。一个系列要卖得好，就要有多元化的产品和价位。

300 » 好习惯

设计师必须勤恳耐劳，执着于自己的想法，将细节做到完美。他们要热爱自己所做的事，有创意，永远不要对起起落落的挫败感到厌倦。生活中没有什么是会送到你面前的，必须靠自己去争取，去实现目标，有点运气也是有帮助的。

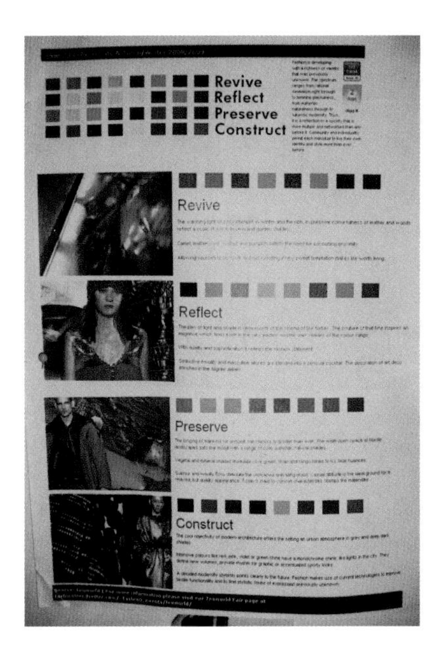
Revive
Reflect
Preserve
Construct
Revive
Reflect
Preserve
Construct

HIEBER
AV. ALVEAR 1640 PB
CIUDAD DE BUENOS AIRES
WWW.HIEBER.COM.AR

301 » 灵感

每一个系列都随着马球环境的不同而做出改变。创意的源泉来自世界各大城市的锦标赛。我会想象人们参加国际马球活动时的样子，而不光只想马球选手们。我总是会关注到那些追随这项运动的人，他们直接或间接表现出与马球相关的精致而优雅的形象以及相关的生活方式。

302 » 工作场所

我的工作室是我迸发灵感的地方里面有图片、不计其数的面料小样、富有启发性的服装、要注意的缝制细节、技术团队以及专业出版物等。许多概念都来源于此，通过转换，运用到成品上。衣服经真人试穿后，获得他们的反馈，解决可能出现的瑕疵或对具体细节作最后的润色。

303 » 材料

质量一直都是选材的标准。比如我们会为女士衬衫选用法国面料，为男式衬衫选用意大利印花面料，这也成为了我们的招牌。使用上等、独特的材料，例如针织服装会采用丝光处理过的秘鲁皮玛棉，毛衣采用开司米羊绒和意大利羊毛，夏天的服装则采用特殊的亚麻。

304 » 传统制造VS试验

阿根廷的马球传统风格一直是La Martina品牌的支柱，所有的产品系列都建立在此基础上。La Martina的POLO衫源于历史赛事和世界最高规格的锦标赛，风格非常明显，让人一眼便可以认出其品牌标识。

305 » 品牌价值

La Martina超越了服装的界限，开发出了整体系列的饰品、香水和符

合马球选手需求的专用产品。这使得我们对马球传统有一个全方位的认知，产品也会随着时间的流逝而增值。

306 » 推广

商品陈列是极其重要的环节，销售空间的陈设和商品的摆放能够营造出独特而吸引人的氛围。每一个销售点都要根据自己所在的地理位置来决定店铺外观和陈设。St.Tropez和Mykonos的店铺主要以地中海风格为主，使用白色衣架、蓝色墙壁和淡色系的装饰；Avenida Alvear的店铺则应该以皮革为主打元素，辅以精细打磨过的木质家具，富有设计感的座椅和地毯。

307 » 进步

La Martina拥有独特的个性风格，不会随着时光的流逝而改变。通过引入新的原材料或者采用更先进的制作方法等手段，力求全方位地不断进步和成长，在一季又一季的设计和生产中精益求精。我们会与国际优秀的供应商合作，也会拜访全球各地前沿的市场，寻找其他可能的素材。

308 » 哲学

不管人们是否意识到，时尚都是生活中不可或缺的一部分，是我们每天选择表达自己个性和身份的一种手段。与几十年前相比，现在有无数种因素在影响着潮流的发展，其中很多都是前所未有的。并没有某种一定要遵循的潮流，只是要选择所要走的路。设计师的工作是了解自己的客

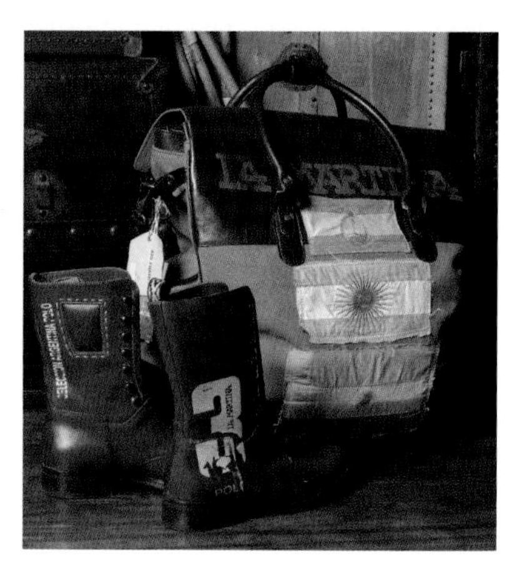

户，从成千上万种元素中挑出最合适的，然后制成看得见摸得着的服装，让客户满意。

309 » 销售

我不相信世界上存在万能的销售方法，能保证一个系列大卖。但是之前的大量销售情况值得好好研究，能够帮助你梳理自己的职业发展。必须保持和销售团队沟通顺畅，以便了解顾客所想，最大程度地满足其需求。

310 » 好习惯

最重要的一点就是要与时俱进，时刻关注世界范围内发生的事情。能够吸收信息非常重要，这样才能随后将它们转化到我们的产品中。除了一些正常的习惯与做法，应该同时保持超然的姿态，不要害怕使用单一的设计概念，只有这样，你才能持之以恒，留下自己的印记，形成独特的风格。

311 » 灵感

我为每个系列找寻独特的主题。首先，会超越主题地分析美学价值，然后尝试去创造我自己独特又统一的空间。

312 » 色彩

我喜欢追求色彩中的光影变幻。主要使用黑色，各种色调和质感的黑色。要挖掘黑色拥有的无限可能对我来说是一种挑战。

313 » 材料

所有材料几乎都是在巴塞罗那买的。选择面料的标准包括材质、色调、价格以及工艺属性。面料应该起到传达一个系列中心思想的作用，同时实用耐

穿。我不会使用合成面料，因为对我来说衣服就是第二层皮肤，应该是柔软、精致和耐穿的。

314 » 工作场所

我会在一个空白的人台上进行试验，脑中不会事先构思好想法。我喜欢随性地试验，一边动手一边观察。不要束缚自己，要不断地往前走，就像音乐一样行云流水。我有一张大大的工作台，早上还是一张空桌子，晚上就会摆满图纸、尺子、烟灰缸、咖啡、杂志和剪刀。

GORI DE PALMA
spring - summer 2009

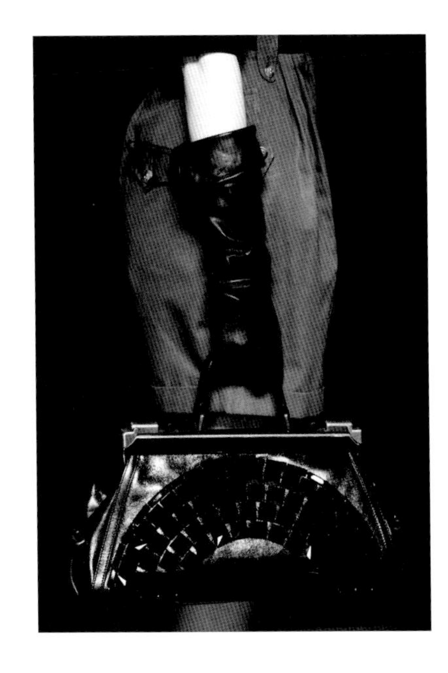

315 » 推广

因为有了公众的关注，你的产品可以产生轰动的效应。传播就像把自己的情绪和想法分享给其他人，我不会把它当成一种很私人化的东西。但是我仍然会建议新手们先创立自己的品牌，然后与媒体建立合作关系，渐渐取得其信任，这一点尤为重要。

316 » 学习

就我目前的状况来说，最大的收获来自于两个人，一个是Angel，我的设计老师，从她身上我学到了基本的价值观诸如勇于克服困难，创新精神和周全地进行设计等；另一个是Oscar，我的前艺术总监，在他的帮助下我找到了属于自己的表达方式，他还教我如何将一件服装变为自己的梦想。

317 » 风格

我的品牌像一个造梦工厂一样。我认为大家希望我去探索那些尚未有人涉足的领域。对我来说，Gori de Palma就像自由的代名词，敢于打破陈规，挑战传统的条条框框。

318 » 销售

虽然市场变得越来越不可预测，但有些基本元素是不变的，比如商业网络，优质的国际会展，特别是一个令人惊喜而无懈可击的服装系列。尽管灵感来自于你的内心深处，但依然要睁大双眼关注周围事物的变化，认识到时装其实也意味着日常穿着的衣服。光时尚是不够的，还需要理智地考虑到实用性。

319 » 哲学

我从来不相信民主化或者专有权这类东西，甚至不相信以季节进行划分。人们会四处游历，全球化无可避免，同时人们也厌倦在时尚方面被人主宰，喜欢有自我风格。这是我们这一代最突出的特点，表现出了高度的个性主义。

320 » 进步

最重要，最能证明自己的，永远是下一个系列。过去的已经过去了，被销售过，被展示过，而你永远能比过去做得更好，这就是为什么我一直对之前的系列引以为傲。而接下来的这一个系列，是需要你全力以赴，突破过去的自己，最令人激动的东西，让人从神经末梢就开始兴奋，真要命！

321 » 灵感

进行设计时，我总是会思考形状和感观的转变以及流畅性和结构的关系，结构平衡性等，拒绝公认的准则。这是一种将分散性和力量感两个元素同时注入一件作品的过程，同时还要兼顾良好的结构性，最终成为一件衣服。如果你远距离看一件衣服，它只是一个物体而已，但穿上之后，你的存在赋予了它空间感。

322 » 模特

我自己有一个专属的Stockman人台，当初依照女性的身形制作而成，现在已经成为我工作的重要工具。我在巴黎Marais区有自己的工作室，在那进行系列创作。起稿和时装画都在一间玻璃顶的屋子里进行，而打样、褶皱处理以及缝纫则在另一间工作室。

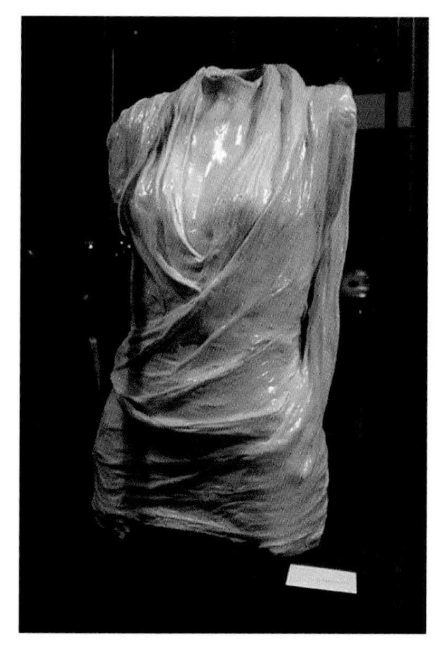

323 » 材料

我喜欢天然的材质，比如丝绸、羊毛、棉、麻和皮革，产自意大利、英国、日本、法国等。我从来不用化学纤维材料，因为我的回收再利用意识非常强。我会将几种不同的珍贵材料重叠使用，作品中经常会出现不同质地的混搭，比如皮革和丝绸相结合，毛边也不会处理。

324 » 传统制造 VS 试验

传统制造和试验我会同时进行，尝试在两者之间游刃有余。通常我会为系列中的主打款设计一个特殊款式，裙子也好，雨衣也好，饰品也好，都要能传达整个系列的中心思想。我还会设计和服，对我来说，它们代表着一种历史和异域感，没有扣子，没有止口，无止境。

325 » 个性 VS 共性

我的作品大部分都映射出一种个性，但是一起工作的设计师们都属于一个群体，这个群体的每一份子之间都存在着密切的关联，在不停的剪裁和打板过程中将男装和女装以不同的张力融合在一起，无形中透出感性以及和谐的二元性。

326 » 推广

没错，推广是时尚业非常重要的部分，有专人负责。我们喜欢与建筑、艺术和设计杂志合作，与我们相关的时尚媒体都与艺术界有密切联系。

327 » 进步

每六个月进行一次重塑与更新很重要，但同时也要保持品牌的主打廓型和色彩。我通常会以灰色调为基础，它是各种色彩的结合。要让一个中性色变得更明亮更温暖，可以在上面叠加玫瑰色调，梅子色调，绿茶色以及细微的暗灰褐色。整体线条则由黑色来勾勒，展现更精确的外观。

328 » 时装是艺术吗?

我用黏土、纸和坯布创造出艺术品。这是一种试验和展现自己风格的形式和空间。陶瓷是一种很优质的材料，我会利用它来探究身体的形状，并以此为准则。陶瓷能够留下面料的印迹，我有时会将面料混合起来在黏土中留下褶皱的痕迹，以模仿面料滑过皮肤时的样子。

329 » 建议

我学到的最重要的一点莫过于保持精力旺盛，严格要求自己。

330 » 销售

实现好的销路需要扎实的基本功以及在结构上找到解决方案。一个品牌的商业价值在于广阔的时尚发展空间。不错的销量会让我有前进的动力，不断突破。

331 » 灵感

我的每一个作品都源于当时自己的情绪、状态和所处的环境，不一定要由某个主题开始。主题可以在系列完成后再被创造出来。

332 » 模特

杂乱的工作室里人台上系满了丝带，还插着很多大头针。

333 » 材料

我最喜欢定制的材料和华丽的材质，尤其喜欢皮革，因为它们穿在身上后会有很好的效果。虽然棉麻在夏天穿起来很舒服，但我并不是特别喜欢。

334 » 风格

我希望能表现出一枚硬币的两面性，以及如何从各种不同事物中产生美。

335 » 传统制造 VS 试验

在传统和现代中找到平衡，最终结果就既不过分传统也不过分现代。

336 » 进步

必须要进步！我需要这么做。事实上不是每六个月进行，而是每天都在进行。

337 » 挑战

每一个系列中的阴暗面让我觉得无法自拔。其实创作一个愉悦、轻松、快乐的系列并不是我擅长的。

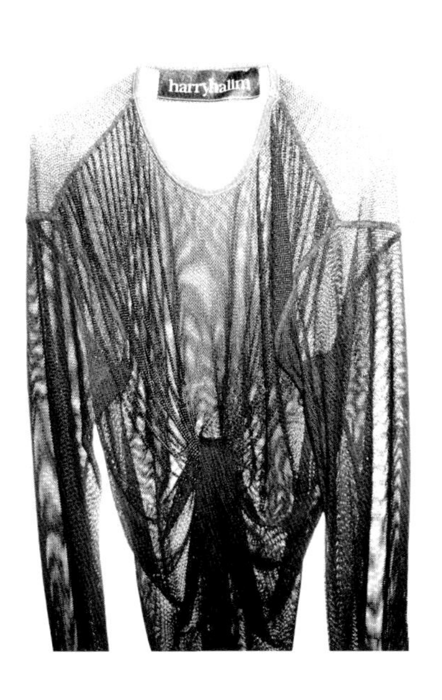

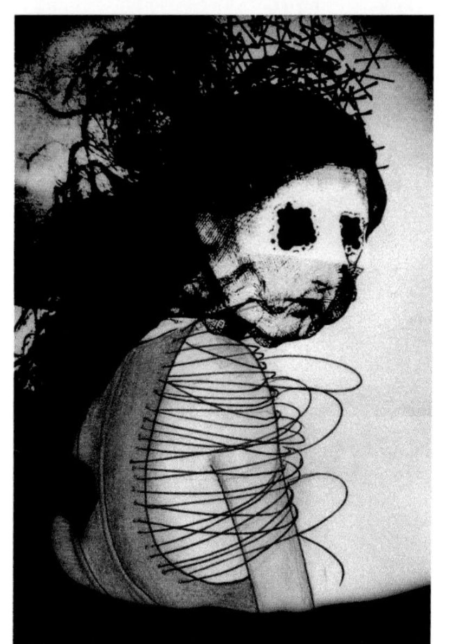

338 » 街头时尚VS时装设计师

时尚来源于创意以及设计师的想法，从发展的初始阶段直到最终成形都是如此。

339 » 好习惯

即你自己的品味。

340 » 销售

易于搭配的暗色系服装总是能卖得很好。有时候，只要我们理解了目标客户，接下来的每一步都会走得自然而然。

341 » 模特

其实我们对于模特的国籍和类型没有特殊的偏好，模特的专业性才是最重要的。选择什么样的模特是由系列产品的风格和主题而定的。

342 » 灵感

一个中心思想对我来说至关重要。我经常为系列设想出一个女主角，例如安娜斯塔西娅、洛丽塔、安娜卡列尼娜、女战士等，她们在我脑海中活灵活现。我尝试用设计语言和工具充实她的性格。

343 » 材料

我只用天然材料，不用合成物，每年两次在巴黎的“第一视觉”展会上选择适合的材质。与前沿的材质相比，我更喜欢经典的材质，比如丝绸、羊毛等。

344 » 你的左膀右臂?

我有一个团队，所有人都是左膀右臂！他们帮我完成了大量的设计工作。

345 » 品牌价值

有两个最重要的特质使我的品牌脱颖而出，广受消费者认可，一个是个性，一个是优异的品质。“华丽”是第一位的，代表我们对品质有着不可妥协的执着追求，这是价格也无法左右的。

346 » 推广

我们创造个性，让人们看起来更美。我们是一个奢侈品牌，所以发表的所有声明，拍摄的所有作品，接受的所有采访，都以最专业的媒体平台展现出来。品牌最主要的媒体活动集中在公关领域，我们和顶级杂志、报纸和电视台有非常好的合作关系，通过举办活动和与记者保持良好的私人关系，表达对他们的支持。

347 » 时装是艺术吗？

有时候我会创作艺术，但我不认为时装是艺术。只有在我们的高级定制系列中，才会有比较接近艺术的概念。

348 » 街头艺术VS时装设计师

时装的精华在于不同理念的混合。街头时尚来源于媒体，媒体信息来源于设计师，而设计师又从街头时尚中获得启发。

349 » 好习惯

你应该成为一个完美主义者，时间管理者，学会捕捉和记住各种活泼明快的感觉，精于细节。

350 » 认可

我很感谢来自时尚界专业人士的赏识，比如时尚编辑Aliona Doletskaya（德国的*Vogue*），著名的时尚评论家Suzy Menkes，同时也是我最好的客户。

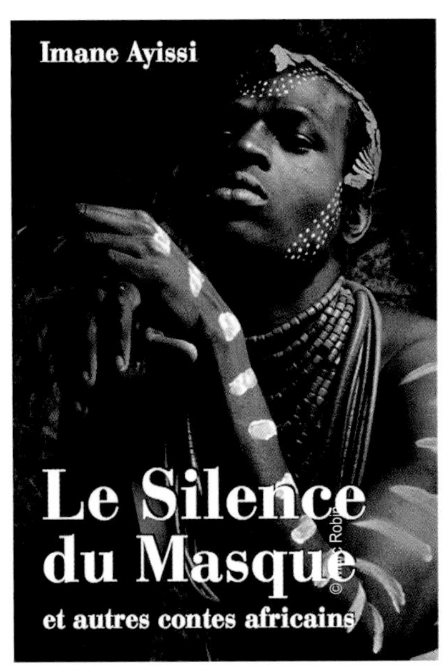

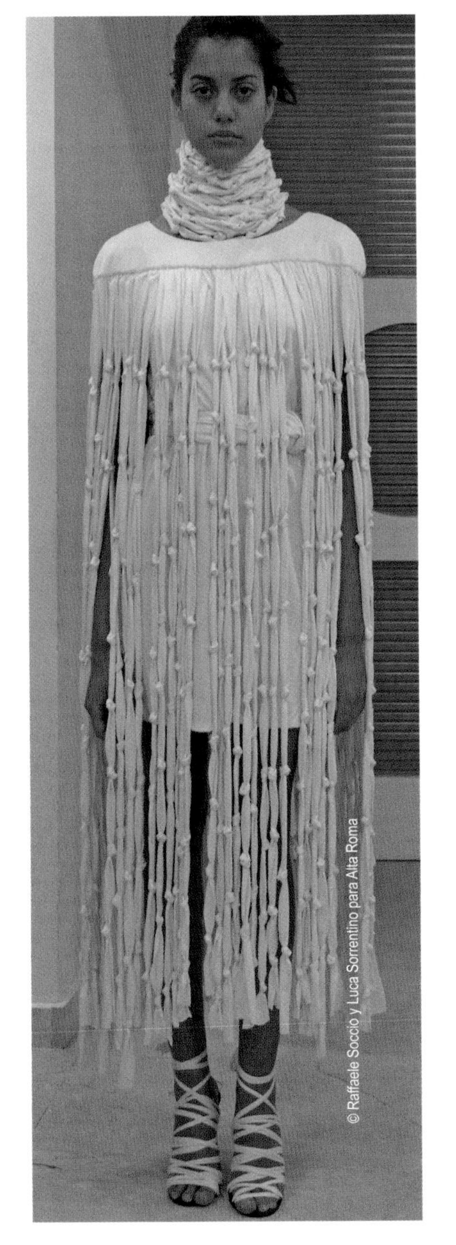
© Raffaele Soccio y Luca Sorrentino para Alta Roma

351 » 传统制造VS试验

我认为，时尚的定义就是试验和创新，所以我总是乐于尝试新鲜事物，有时甚至会让人大吃一惊。但是创新应该是在传统的基础上进行，不管你只借鉴一点点还是借鉴很多。有人认为可以做到“无米之炊”简直是痴心妄想。在高端时装的范畴内，每个系列都是很精准的：每个系列的服装都必须表现你的风格，表达系列主题，也要有华丽的适合在媒体上发布的服装和简洁的适合客户穿着的服装等，所有这些都必须整体统一。

352 » 灵感

任何一样东西都能成为我创造系列的灵感，如物体、图片、材料、文字、故事、结构法则、味道等。然后用语言文字将这种灵感描述出来，成为系列的真正主题。比如我2007年夏季的服装系列Le Printemps de Satan就来自于我希望将哥特风格和浪漫风格结合的想法。充满挑战的环节在于将主题转化为线条、服装、细节等。

353 » 材料

其实我可以使用任何一种材料，但是因为我最感兴趣的是结构，所以，我用的更多的还是平纹织物，我更喜欢用天然原料，之所以选择它们，是因为他们的光滑度、密度、克重、柔软度等，必须符合我想塑造的服装外型。我甚至会使用一些非常基本的面料，如平纹棉织物，通过“再创造”使其变成更精致的材料。例如我2009/2010冬季系列“Voodoo Mood”，就使用了打结的丝带制成一整条裙子。我越来越关注环保方面的东西，所以开始寻找更多的有机材料，但是现在仍然很难找到精致一些的有机面料。

354 » 你的左膀右臂?

我的商业伙伴和朋友Jean-Marc Chauve，也是一位设计师、艺术顾问、著名的法国时装院校和研究中心（IFM）的艺术顾问。

355 » 个性VS共性

我从来没有在服装院校学习过。我的家乡非洲大陆有各式各样的服装、珠宝和艺术传统，但它时尚方面的传统较缺乏。时尚是西方发明的，所以我必须自己选择参考素材和学习对象。因此我更赞成个性的风格，也许我最棒的创造作品也非常有趣，因为你很难将其归类（非洲风格、欧洲风格、高级女装、前卫派？）。不过当然了，和所有设计师一样，我会受到其他几个不同领域艺术作品的影响，比如时尚设计、建筑、塑料艺术和音乐。

356 » 挑战

作为设计师，我需要不断提升自己，

每时每刻去探索和创造。每六个月是时尚界最基本的更新速度，但现在有这么多游艇、度假、预展览系列，这个速度可能会更快。有时我会觉得六个月并不符合自己的速度，它可能太长了，你已经等不及要换一个主题，它也可能太短了，你还想继续深入地挖掘主题背后的东西。你要去适应这种节奏，因为创造也是需要一些约束的。

357 » 时装是艺术吗？

我曾经是非洲现代舞舞者，但现在也开始写作。我已经写了两本混合着法语和非洲当地语言（Ewondo）的故事书，分别是*Millang Mi Ngorè-Histoires du Soir*和*Le Silence du Masque*。很多设计师也身兼数职——摄影师、平面设计师、塑料

艺术家等，都是像时尚一样的艺术设计。我更像一个设计师作家，也可以说我会通过服装系列来讲故事。

358 » 街头时尚 VS 时装设计师

对于现代社会来说，两者都需要。时尚存在于T台和街头之间。街头时尚具有创意，尤其是来自青少年的创意，能给设计师带来极大的启发，甚至能影响奢侈品牌的设计。同时，很多设计师的想法也在街头得以体现。对我来说，想到我的作品会被穿上街是一件很高兴的事。这就是为什么我一直乐意

与大众品牌合作，生产价格更优惠的服装，例如2006年夏天和La Redoute的合作。

359 » 缪斯

当我在喀麦隆作为时装设计师刚出道的时候，条件非常糟糕：没资金、没有可用的结构、机器老旧、没有可以选择的面料，但这并没有阻止我前进。任何物体都可以被创造、设想、创新出来，所以天赋和创意并不取决于你所处的环境或金钱。

360 » 建议

对一切事物保持好奇心！

361 » 工作场所

我的桌子有点乱，上面摆满了能启发我的东西、我喜欢的东西以及在街上发现的有趣玩意儿。我们经常将服装穿在模特身上看穿着效果。

362 » 灵感

开始创作一个系列的时候，我们会思考当时对我们产生影响的各种因素——刚刚读完的书、刚刚看完的展览，还有喜爱的插画师和油画家。这一切都会产生影响，而我们则尝试将这一切反映在灵感剪贴本上，帮助我们在印花、色彩方面做出选择。

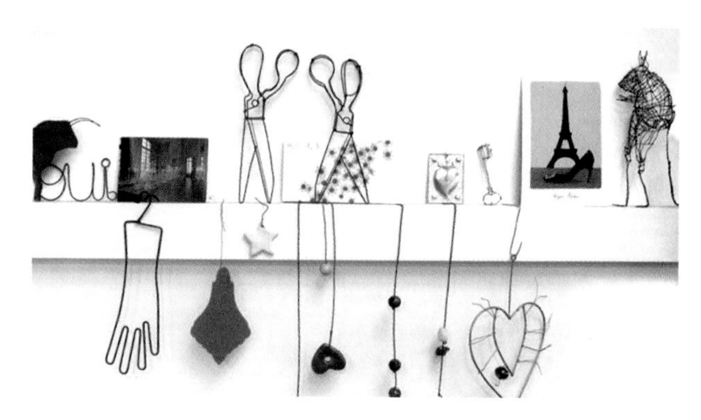

363 » 传统制造 VS 试验

我们酷爱手工缝制技术、手工艺品、刺绣、贴花、丝带以及纽扣。还喜欢对印花图案进行试验。们整合一个系列的时候，并没有想制作出标志性的款式，但这并不意味着我们不想让它们出挑。市场和客户自然会选出系列中最有代表性的款式。

364 » 品牌价值

我们用心制作特别的服装，认为服装应该永远具有可穿性，永远不过时。这就是为什么我们不会去追随潮流，而是一直都在做自己喜欢的事。社会上的一切都在飞速地变化着，有无穷无尽的消费欲，人们从没停止过购买和丢弃。我们想做的是能耐穿很多年的服装。

365 » 材料

我们选择天然的材料，因为它们更亲肤。服装不能只是好看，还应该实用而舒适。最近我们考虑到很多棉花种植农场的环境恶化问题，在系列中增加了很多有机棉成分。

366 » 进步

一季接一季的设计工作并不会带来压力，我们总是尽力做到最好，这是工作的基本原则。以前我们会举办T台秀，通过媒体报道我们的作品，但是现在我们更关注店铺和客户，所以销量更好。我们比以前更成熟，认为幸福和平静是更有价值的东西。

367 » 时装是艺术吗？

毕加索创造艺术。艺术型设计师凤毛麟角，大概只有三四个吧，其他的全都是试图创造艺术的设计师，而且结果很糟糕，你不觉得吗？

368 » 销售

我们的品牌获得最佳的回馈就是看到衣服不会随着时间变的老旧过时，还不断有人穿着并喜爱它们。

369 » 推广

我们有一个负责推广的机构，能很好地掌握品牌在媒体上的形象，也会直接通过博客和Facebook和顾客沟通，喜欢用互联网渠道阐述自己的品牌理念，能得到用户的反馈。

370 » 建议

最重要的是作出人们想要穿的服装。当处于学习或者刚起步时，你在意的是自己的想法和喜好，忘了别人可能喜欢什么。但我们慢慢学会了制作自己喜欢，同时别人能理解和想要拥有的东西。

371 » 灵感

我会从寻找有趣的材料开始，然后用各种技巧进行试验，这之后才会去设想概念，因为我想在初始阶段留足够的自由度给自己用在试验上。

372 » 工作地点

工作室需要足够大，容纳若干个站在一起的人台，如此一来你可以站在几米以外总览整个系列的风貌。不然的话服装与服装之间的联系可能不够强烈，甚至可能过度使用某些材料。

373 » 开发一个系列

我尽量不要太过重视概念，因为它会自然而然地显现出来。我的脑海里会呈现相应的氛围，符合设计理念。不管你是何种风格，围绕概念发散思维时，不要固执地坚持最先出现的那几个想法。我会使用大量的皮革，因为每一块皮革都不一样，它比一般面料更有力量和个性，而且非常耐用。另外，重要的不是你选用什么材料，而是怎样去使用。一名好设计师可以用任何材料制作出美丽的东西，不过当然，材料质量越好，最终效果越好。

374 » 个性 VS 共性

我只做特立独行的东西。时装是表达自我的方式，如果很多人都穿着同样的衣服，看起来没有自己的个性，那是件很可怕的事。

375 » 推广

在推广的过程中很容易失去自己的个性，表现出一个完全不是自己的样子，这样一来你会发现品牌好像在演戏，而你自己也不会开心。所以要在一开始就展示真实的自己，这也是最难的部分：不要过度伪装。

376 » 进步

每一个系列在某些方面都不会是完美的，下一次可以做得更好。我在每一个系列当中都学到了不少东西，然后将其带入下一个系列的设计中，越做越好。

377 » 风格

我坚持试验，保持了前卫感，改变各种材质、形状和张力。

378 » 哲学

时装有不同的层面，其中艺术的一面就是要个性化，因为这是设计师的表达方式以及人们为表现自己而做出的选择。

379 » 好习惯

耐力、个性，独一无二的标志性款式。

380 » 建议

从你所敬仰的人身上学习。与其他专业人士交流想法，灵感和创造力。

381 » 灵感

方法一直是一样的，分成两部分：首先，根据脑海中所有的物体、感观和当下生活中的某些瞬间进行发散思维。我们总是会从当时的情境中创造出一些东西来。然后从中选出最有意思的想法，展开设计工作，提取出抽象的概念，混合不同的想法创造新的概念。之后将概念用不同的颜色、形式和面料表达出来。

382 » 开发一个系列

从基本款开始创作，不会对纸样和形式做出改变和修改，但每个系列都是全新的。事实上每个系列都由不同的创意综合而成，也用不同的方法来完成。我们将各种创意糅杂在一起，创造出新的形式和轮廓，表达一种概念。从整体到局部，系列作品之间创造一种连贯性，每一件作品都会表达出一定的理念。

383 » 材料

我们会创造自己需要的材料，然后选择各个部件的使用应该占多大比例，以及使用何种质量的部件。我们也会给面料染色，知道如何达到我们

所需要的完美效果。在创作过程中，我们会精心选择颜色的不同色调和强度，并且对新技术和新材料感兴趣。

384 » 品牌价值

我们的目标是将来能创造属于自己的时装世界、自己的语言、自己的时代，用不同的方式展现自己的想法，不仅是在T台上，还是在互联网、视频作品、展览、演出和摄影作品中。

385 » 传统制造 VS 试验

我们身处一个不停变化的世界中，因此需要试验。我们更乐意去试验，寻找新的表现形式、面料、概念和沟通方式。同时也不能忘记传统，因为那是发展之根本。

386 » 推广

对Isaacymanu这个品牌来说，推广极其重要，因为它传递着我们想要透过设计作品背后表达的理念。同时这也是富有创造性的工作，目标是让观众接收到我们想要表达的信息。我们会去做一系列宣传工作，比如通过iVideos、摄影、互联网等等。希望穿Isaacymanu的人能对这个品牌创造的世界产生认同感。

387 » 进步

我们的风格来源于生活中已经经历过和正在经历的东西。每一季都有东西在改变，也有东西留了下来，但Isaacymanu表达出来的想法和形象永远是当下的，能清楚地展现每个系列的特别之处。创作每一个新系列时，我们都接受新的挑战，树立新的目标，认为创造新事物天经地义的，并在此过程中试验和学习，每一次都会将自己的作品提升到更高的层面。

388 » 时装是艺术吗?

是的，每个系列都像是艺术品。尽管时装和艺术是有所区别的，但我们制造时装，也创造艺术。我们的工作是将一系列抽象的想法转化为具体的物品，其中艺术的部分在于将想法展现在一定的情境里，让人们能感知到它的存在。我们通常会同时用时装和艺术两种准则进行创作，作品则会在工作室或概念店中展出。

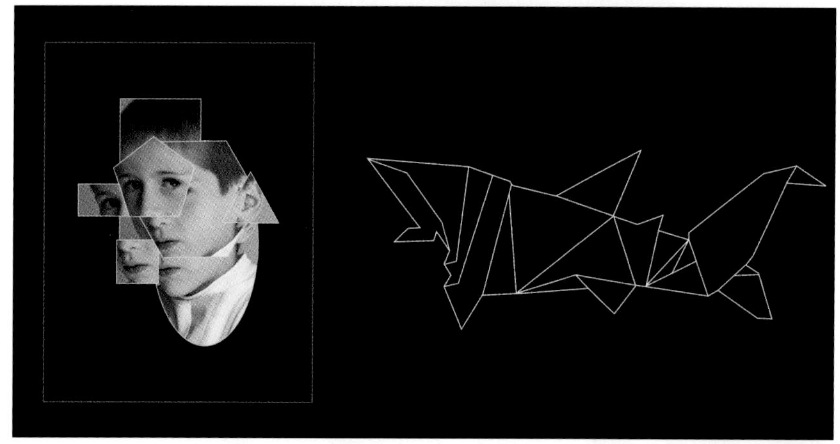

389 » 好习惯

设计师是观察者、探索者和创造者。他会去分析所生活的这个世界的社会机制，为自己观察到的问题思考答案。但是更为重要的是他每天所做的事。一个设计师必须不断探索和试验，得出结论再打破规则，以创造一种对未来的愿景。

390 » 销售

销售的店铺应该是遵循我们理念的一种空间，所以交织着艺术感和时尚感。店铺在设计时就打算用来接收外界的新想法以及展示一些艺术作品。通常我们会为一个产品系列专门设计橱窗，这是个很有意思的过程。

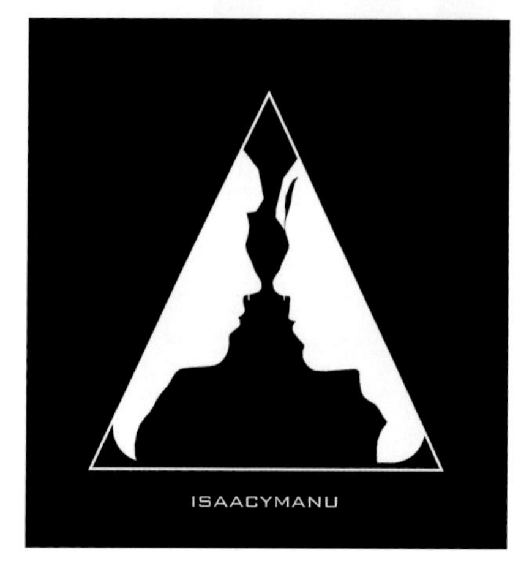

391 » 灵感

我喜欢做的第一件事就是设定一个主题。之后我会用旅行的方式去学习和感受这个主题。我还会从书籍、艺术家、图片、之前出游的地方、吃过的食物，见过的人这些记忆中寻找灵感。

392 » 工作场所

工作室位于里约热内卢一条安静的街道上的复古建筑当中，四周环绕着绿树和鸟儿。工作室装饰得非常多彩，有利于发挥我的想象力。办公室中央有一张白色的大桌子，摆满了画稿、书籍、海报和图片等。

393 » 色彩

我喜欢色彩丰富的服装。我认为色彩能让人看起来更精神、愉快、拥有好心情。每次系列创作时我会在一定的色彩范围内发挥想象，我喜欢为事物赋予尽可能多的色彩。

394 » 你的左膀右臂

Eduarda Braga，我的好朋友，也是一位非常棒的专业人士！

395 » 品牌价值

我的系列能让人感受到独立性，每一件都有自己的性格，任何穿着Isabela Capeto的人都会穿着得体而且是独一无二的。

396 » 目标

我从博物馆和书籍中受到启发，从不会被当下的潮流左右。每一件作品都像艺术品一样手工制成，刺绣、染色或褶皱处理，有很多复古蕾丝装饰、珠串、薄纱，或者不修边幅的布边。我的目标很明确：让女性穿着浪漫的服装感受到自己的美。

397 » 进步

这是一个必须的过程，我觉得每六个月都需要进行一次自我提升。我会一直学习下去，永远都要！

398 » 销售

我喜欢听人说穿着Isabela Capeto会让人感觉更好，更开心，更漂亮。

399 » 好习惯

阅读，学习，保持好奇心，四处游历和行走，认识新的人，参加社工活动。

400 » 哲学

我会带着激情进行创作和绘画，对我来说每一件服装都是艺术品。

401 » 灵感

我一直是用这样的方法工作的：先勾画草稿，就好像要写故事那样，脑海中酝酿一种强烈的、感性的、如童话般的情绪。然后开始往里添加色彩、造型、材质等，填充整个框架。

402 » 工作场所

我住在布鲁克林威廉姆斯堡的一个阁楼里，家就是我的工作场所，那里有巨大的窗户、充足的阳光、来往的火车，前面还有威廉姆斯堡大桥。我有一张白色大桌子，上面有我需要的东西，包括两台电脑——我是个不

安分的人，等不及一台电脑上的文件完成缓冲，要同时使用两台苹果机工作。

403 » 材料

我在和几个欧洲南部的制造商合作，平纹针织布则来自芬兰。材料需要有很强的特征。我从来不考虑价格。我们的系列非常狂野和带有艺术气氛，我完全不会考虑商业方面的事情。所有的服装都很有可穿性，这是我的哲学：创造可以穿上身的艺术品。

404 » 传统制造 VS 试验

我热爱试验与传统的结合。服装要有可穿性，同时俏皮时髦又透着几分嬉皮。我只会做几件所谓的展示品。我的设计哲学中古怪的一点是，我从来不去定义某种廓型，我只会带着强烈的情绪和主题随意地为系列作品选择适合的廓型和造型。

405 » 个性VS共性

两者都要有，一直要有。我的衣服的确不是主流的，但是每一个穿着的人遇见另一个穿着的人都会觉得自己仍然是独一无二的，但在精神上又有高度共鸣，像灵魂伴侣一样。在路上见到穿着我设计的服装的人时，我也会觉得更亲近。这有点像IVANAhelsinki（芬兰服装品牌）部落的感觉，酷酷的女生们都有着很摇滚的态度和波西米亚风格。

406 » 推广策略

我们没有任何策略。我得说虽然世界上有很多人为的法则和规定，但我还是享受那些能自然而然地发展、很随机的事物，但一定要投入责任感、激情和努力。这就是我们的策略。

407 » 风格

保持着一种流浪女孩的感觉，她在街上四处流浪，生活在梦里，同时又有一种摇滚嬉皮女孩的美感。其中混着浪漫、灵性、波西米亚元素、斯堪的纳维亚和斯拉夫风情。有时会更浪漫一些（复古和暗色系），有时会更斯堪的纳维亚风一些（浅色和图案的运用），这些就是我在不断进行混搭的世界。

408 » 街头时尚 VS 时装设计师

我觉得现在的时尚太机械化，太结构化，太商业化了。时尚就应该来源于街头，来源于有魅力的惹人喜欢的一个个鲜活的人。时尚就是满足这些情绪，将有自由灵魂的梦想出售给那些不敢活得自由洒脱的人。

409 » 建议

真诚地对待自己。不要做任何你自己都不相信的事情。

410 » 销售

我决定自己不去想钱的问题，这是我和我妹妹一起定下的工作方法。我们只需要保证有足够的钱支撑设计能维持下去，不需要额外的投资，这能保证让我们自由地做自己喜欢的事情。

411 » 灵感

确定一个主题能帮我集中理念，也让公关活动更轻松直接地进行，将系列推广给媒体。

412 » 工作场所

我的工作室被设计成一种可以充分利用空间和光线的格局，有天窗，一个工作桌、缝纫台以及用来立体裁剪的人台。橱柜里摆满了各种色彩艳丽的辅料、针线和布料，墙上挂着画板，画着当季的设计草稿。我在设计和打样过程中不断参考这些草稿以确保和系列主题的一致性。

413 » 色彩

色彩对于我的设计来说很重要，是决定一个系列是何种基调的最基本元素。

414 » 传统制造 VS 试验

用新的工艺进行试验很重要，但系列作品中应该只有一部分创新，保留一些经历过时间和市场考验的经典款式是很有必要的。

415 » 品牌价值

Mac Millan的品牌十分富有启发性、时髦、奢华、鲜艳。

416 » 传播

好的推广方式对商业的各个方面来说都很重要，不管是向媒体和买家们传递新系列的信息，向工作室团队解释某种想法，还是和其他设计师和工厂进行沟通。

417 » 街头时尚 VS 时装设计师

时尚是街头文化和设计师的熔炉，两者会互相影响。

418 » 认可

我所获得的最大的认可就是被提名为苏格兰年度设计师，因为评委中有像*Vogue* 的时尚总监Kate Phelan

和《每日邮报》的Hilary Alexander这样非常有名望的人。

419 » 风格

每一季的风格都会保留Mac Milla的独有的女性美，五彩斑斓的印花图案和高品质。细节和造型会根据主题的不同而改变。

420 » 建议

John Galliano说过："这个行业有三个办法可以成功：一工作；二努力工作；三更努力地工作。"

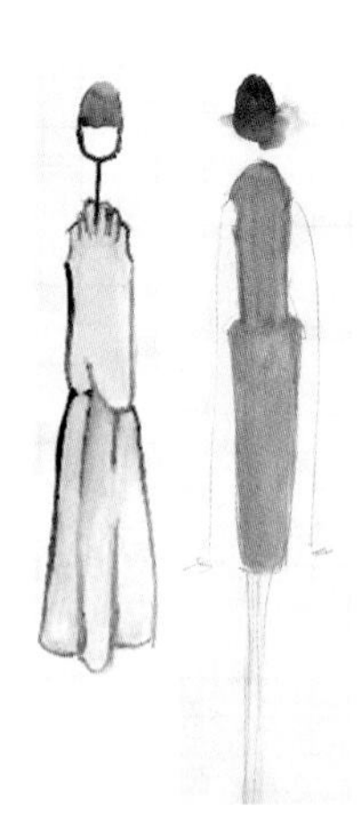

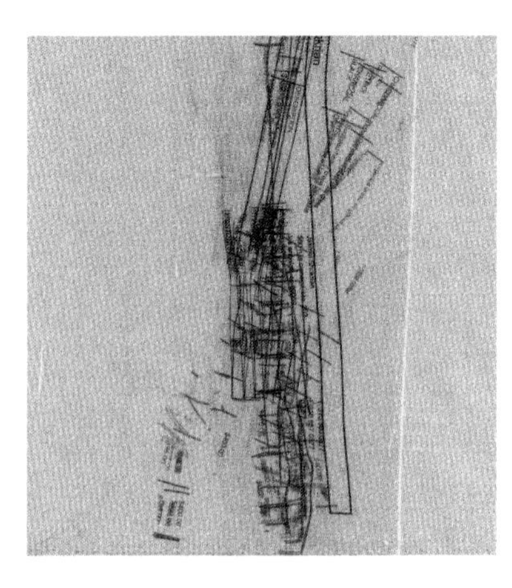

421 » 灵感

我有时会思考主题和感官之间的联系，但这种思考只是作为一个叙事板的起点。我最大的灵感来自于故事创作，想象一位女性、情境以及她穿上最终的成品服装时所处的内部和外部环境。

422 » 工作场所

我很幸运能够在一个之前是芭蕾舞房的漂亮的房间工作。房间有硬木地板和落地窗，地板上仍然有舞者们留下的痕迹。房间里摆放着我买来的复古家具以及我觉得能代表自己的物件和图片。这间工作室像是洛杉矶的一颗藏起来的珍宝，透着我自己的美学理念。

423 » 材料

布料本身就会和其他的事物有所联系，有自己的性格。我喜欢使用这些带着性格的布料，然后将其附有的关联进行再创造。我尤其钟爱那些能将我的想法转化为形状且有可塑性的材料。不过我可能不大会使用皮草，或者现成的印花图案，或者弹力蕾丝。

424 » 传统制造VS试验

我既喜欢传统也喜欢试验，他们在我的工作中具有对等的重要性，一些经典的设计可以提供一个大概框

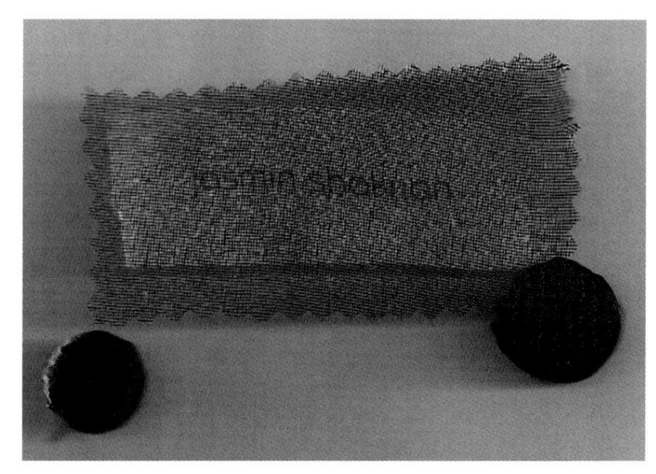

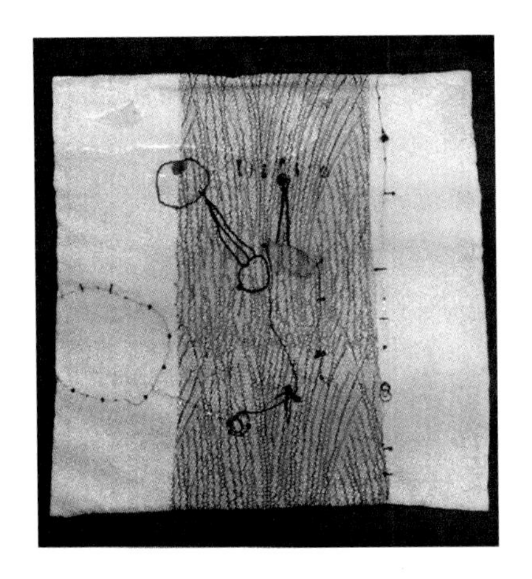

架。每个系列都应该有代表作，对打造品牌至关重要。思索哪些作品能经历时间的检验成为代表作是件很有意思的事情。

425 » 推广策略

我们并不赶潮流，为那些喜欢玩味经典又喜欢尝试挑战的女性设计服装。我们表达出的品牌形象和媒体所有的报道都会反映这种美学，除此之外也跟那些志同道合的艺术家和摄影师合作。

426 » 品牌价值

虽然出人意料的是，从很多方面来说我们的品牌“很潮”，这对我们来说并不太重要。我认为我们的作品引发人们的共鸣，宣扬个性化，而且也看到购买我们服装的客户们拥有这样的品质。她们更看重独特、细致、制作精良的设计品，而不是“流行的”。

427 » 风格

我的风格一直以来都有一种雕塑的元素在其中，例如干脆的线条，有条理的形状等等，以表现女性美。但有时也会映射一种中性的态度。

428 » 街头时尚 VS 时装设计师

我认为两者都要，兼顾很有必要。两种环境中的想法相互影响，互

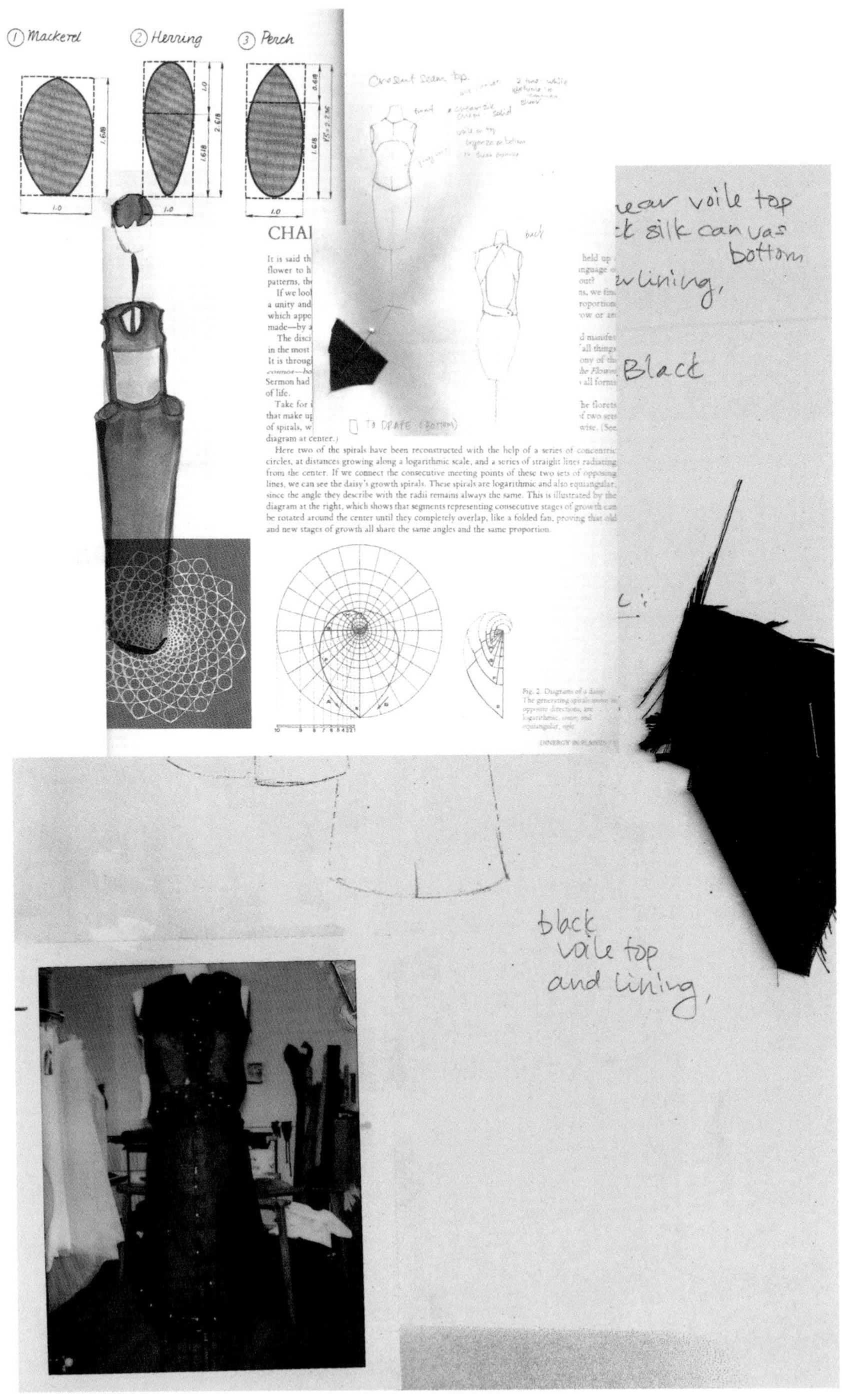

相渗透，他们都是对同一个世界的不同解读和反映。

429 » 好习惯

对每个人来说都不一样。对我来说，关键是要有组织性，这样思考起来更自由。安排好日程和截止日期很重要。这两件事会让你省下很多时间和金钱，还可以有效减压。不过在最后一分钟激发自己的创造力以及微调自己的作品也是很棒的事情。

430 » 销售

销售明显是重头戏，而且在设计时应该考虑在内。不管你是拥有自己的品牌还是在为别的品牌做设计都一样。我觉得好销路需要清晰的品牌理念和强烈的个人风格。设计作品时，尽量想办法让顾客成为回头客。

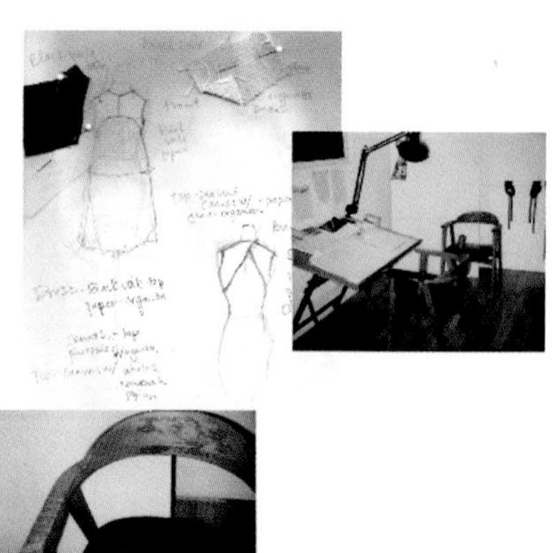

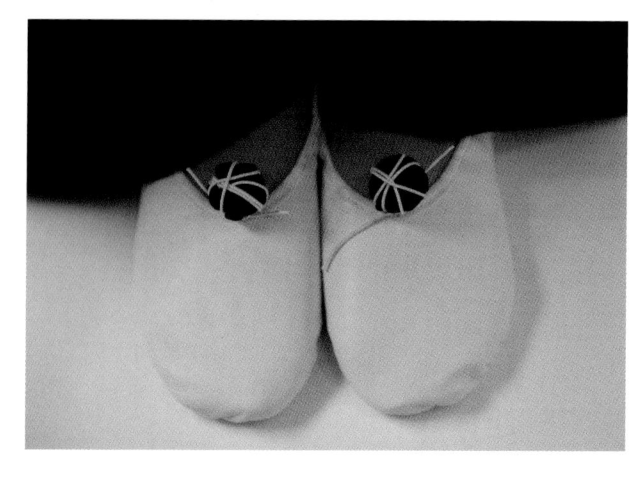

431 » 灵感

我们的工作一直是持续不断地进行着，而不是从某个点“开始”创作某一个系列。如果有生意上或者宣传需要的时候，就会展出一些最新的设计作品。

432 » 开发一个系列

我们不认为设计是可以被精准制造的东西。我们对精确的绘图和电脑辅助设计没兴趣。相反，喜欢天马行空的想象，在一些混乱、随机的情况下想出创意，而不是用一些很精细的工具来进行创造。在视觉上具有冲击力比什么都重要，最好能保持拥有一堆鲜活的想法。

433 » 材料

材料的选择取决于很多事情，可能是偶然，可能是根据过去的记忆。不过我们从来不喜欢合成材料。

434 » 色彩

我们不会总是选择同一种类型的颜色，有时我们想创造一种安全感，有时会想故意制造混乱，这个过程就好像作曲一样，思考怎样使用各种和声。

435 » 传统制造 VS 试验

我觉得让别人按照一种固定模式去工作并不好。我从来不会去创造主打款，虽然有些人一直叫我们这么做。如果之后回顾时发现确实有这么一件主打款存在，那是好事，但是应该在之后发现。创作的瞬间应该是感性而无秩序的。

436 » 品牌价值

此时此刻，我的品牌只会努力表现自己的品味。我只想相信我能做好自己感兴趣的东西。说实话，没有人的喜好是完全独一无二的，这也是为什么有人能理解我。不管什么情况下，这都是我控制不了的事情。

437 » 推广

宣传品牌是很有意思的事，我不知道它到底重不重要，它只是我工作中让我觉得很棒的一部分。我没有特

定的策略和想要传达的信息，因为我觉得这些都是和设计的作品相关，会自然展现出来的，所以不会特意去告诉别人。我觉得你设计的作品本身就能够传达信息，而不是靠制定的宣传策略才能传达。

438 » 进步

我觉得没有进步这种说法，因为不应该用更好或者更差去评判一件事物。我所做的一切都来自当下的某时某刻，我希望自己所创造的是品味那个时刻所体验的一切。

439 » 建议

让自己舒服才能好好工作和自由地前进。舒适地学习，学会和运用知识。

440 » 认可

就我自己来说，最好的表扬来自自己。但我目前还没有达到这个水平。我总是有种沮丧感——下一个系列才会真正展示出我想做什么。这种想法有点乌托邦，有点无济于事，但这就是我的状态。

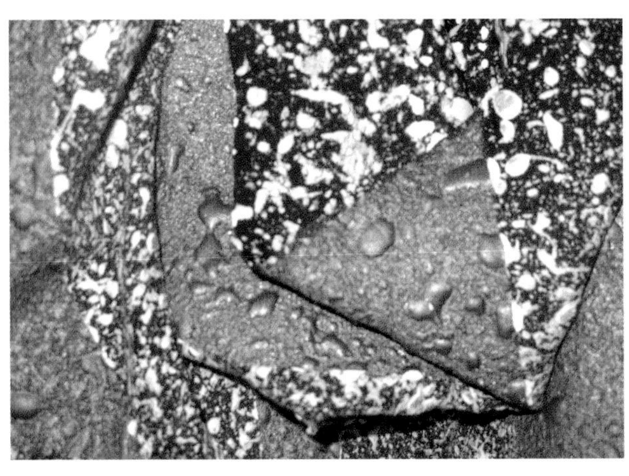

441 >> 灵感

我一旦决定了系列灵感和主题，就会开始着手设计。我喜欢对灵感进行调研并深入展开，这是我最喜欢也最感到兴奋的过程（调研与发现的过程）。多年来我的系列有着不同的主题和灵感，比如摩洛哥的平房建筑、拜占庭十字架、俄罗斯风格、亨利·马蒂斯、蜻蜓、花园、Tony Duquette等。

442 >> 参考素材

幻想和形式在我设计系列时这两个方面永远是一致的。设计时我喜欢

让灵感源源不断地涌现，表达出当下的感受和创意。我喜欢先设计出充满幻想风格的作品，然后思考谁会穿它们，在什么场合穿，然后进行功能性方面的修改。

443 >> 人台

我喜欢亲自在模特身上进行立裁的工作。对我来说，面料有自己的语言，本身就能传递丰富的信息。

444 >> 开发一个系列

系列的概念是通过色彩、面料和细节来表达的，整体保持一致性。

Women's Wear Daily • The Retailers' Daily Newspaper • February 5-6, 2005 •

WWDWEEKEND

Inspirations:

What's Turning Designers On for Fall '05

"Renowned for her use of luxurious fabrics, original hand-beading and body-conscious silhouettes, Mastroianni's flirtatious fall 2005 collection has a modern edge inspired by the details of the French Art Deco of the Thirties." — **Joanna Mastroianni**

FASHION

fashion week

Behind the Scenes

The Fashion, Hair, Make-up and Accessories at The Tent for the Fall 2008 Shows

graphy MARY ALLMARAS imagepro1@optonline.net words AMY DRAGANI design & layout LAURA VARRONE loliv@optonline.net

a season of combinations. Summer sunshine joins autumn chill. Poolside barbeques become covered with fallen leaves those carefree August afternoons merge with shorter days. Fall 2008 fashion combines the elements of style: Sexy with sophistication, elegance with rocker chic, girly with glam.

© Mary J. Allmaras

© Lucire

© Gideon Lewin

445 » 材料

我会根据对服装整体的构想来选择面料。我喜欢使用不同质感的材料，比如哑光针织物、哑光蕾丝、丝质雪纺以及其他新颖的材料。我会定制来自不同地方的面料，比如法国、意大利、瑞士等。

446 » 时装是艺术吗？

一件美丽的衣服是一种艺术形式。我觉得作为一名富有创造性的设计师，我有责任去设计一些让穿者感觉自己变得更美的服装。我觉得衣服就是艺术品。

447 » 色彩

对我来说色彩就是传递信息的工具，有时它令一个系列中的廓型线条变得更完整，有时它会影响廓型的表达效果。人们看一件衣服时首先注意到的就是色彩。我的不同系列中有些色彩是贯穿始终的，当然其中包括黑色。

448 » 沟通

沟通一直都无比重要。你会引导和指引一起工作的团队成员，他们帮助你实现脑海中的想法。设计师一般都是第一个产生想法的人，所以有责任将这个想法贯彻到整个系列直到最后完成（我这里所说的服装创意过程的完成）。

449 » 进步

在充满创造力的工作和生活中，我觉得每天、每个小时都需要提高自己。

450 » 建议

保持创作的激情和欲望。每天都应该挑战自己的创造力，不要妥协。尊重时装的各种艺术形式。多花些时间练就工艺，或者用面料锻炼塑型。学习结构和工艺。一旦你掌握这些技巧之后，尝试打破规则，不断试验。另外，愉快地工作。

451 » 工作场所

拥有属于自己的空间是很重要的,可以用音乐、图片和电影尽情释放自己。我最重要的工具是一个画草图的速写本，经常随身携带。最先产生的想法都来自于这里。我喜欢先想出点子，之后再充实它。工作室是你奋斗的地方，也是认识自己是如何工作的地方。

452 » 灵感

当你开始设计一个系列时，首先要做的就是审视自己。你要先聆听自己的想法，让自己的想象力天马行空。要做到这点有时会需要一些外界的刺激，可以来自任何地方，比如音乐、街道、电影、任何获取你注意力的美好或有趣的东西。

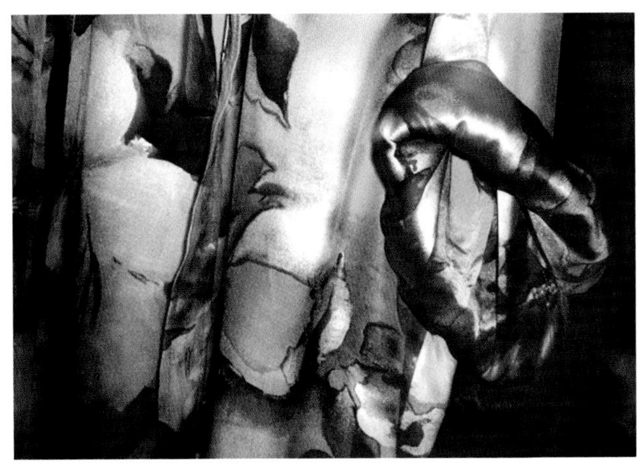

453 » 缪斯

我身边的女性都会对我产生影响。有时我也会以电影中的女性为原型，做一些有趣的改变，进行混搭。历史上出现过的女性形象同样能提供很好的借鉴。时装具有文化的一面，你看的越多就学得越多，学得越多就发展得越深。

454 » 开发一个系列

我希望系列背后的主题概念能够微妙地激起观众心中千千万万种念头。我相信当某种东西太过忠于单一概念的时候，他会丧失自己的神秘感，变得无遮无拦。

455 >> 材料

有必要认识各种原材料并学会如何运用。尽管有时候你可能错误地使用了一种面料，结果反而能带来惊喜。每设计一件服装之前，我喜欢把所有的面料都摆在桌子上。我不是喜欢说“绝不”的人，尤其是在时装设计中。今天你抵触的材料也许会造就明天的杰作。

456 >> 色彩

有时你想尝试新事物，有时你想混搭，有时你将所有的一切置于同一色阶，这取决于你如何用色彩来表现这些想法，想要的结果会自然而然地出现。

457 >> 传统制造VS试验

我认为最理想的情况莫过于在对传统有足够的了解基础上进行试验。你需要一个基准，没有之前建立的文化基础就没有所谓的进步。

458 >> 进步

一个又一个系列的创作中，我会尽量保持精致和感性，但是结果不同，就像穿着羊皮的狼，它一直是一只狼，有趣的地方在于总是披着不同的外衣。

459 >> 挑战

我认为每六个月都一定要超越之前的自我，每一季都像是公开考试检验成果一样，让你想要成长和学习。你每一次都想要更多，所以每一次都需要付出更多的努力。

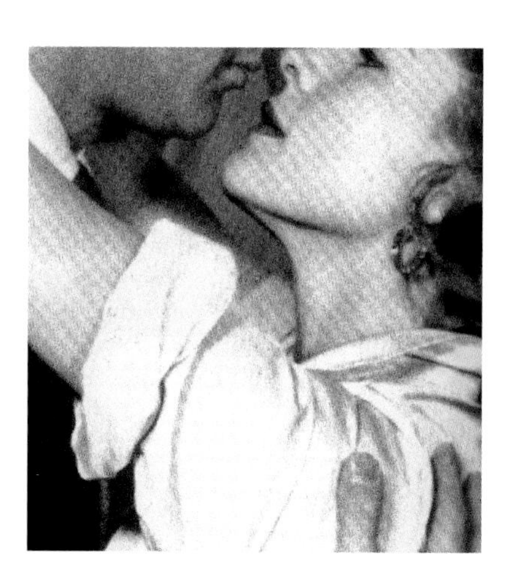

460 » 认可

最好的掌声来自自己，有时候你不得不为自己鼓掌。我还尚未做到这一点。这取决于你对自己的要求有多高。我很感谢那些来自社会各界的评论，但很多时候有些东西不是靠语言能表达的。我总是说作为一名年轻设计师，要做你能做的，而不总是做你想做的。

461 » 灵感

主题和感官是相辅相成的。作为一名设计师，进行设计时你需要时刻留意自己的精神状态，因为这会表现在主题中。

462 » 参考素材

我通常会从那些触动我的事物中获得灵感，比如艺术品、一只漂亮的小鸟、拥挤的街道、美丽的风景等。

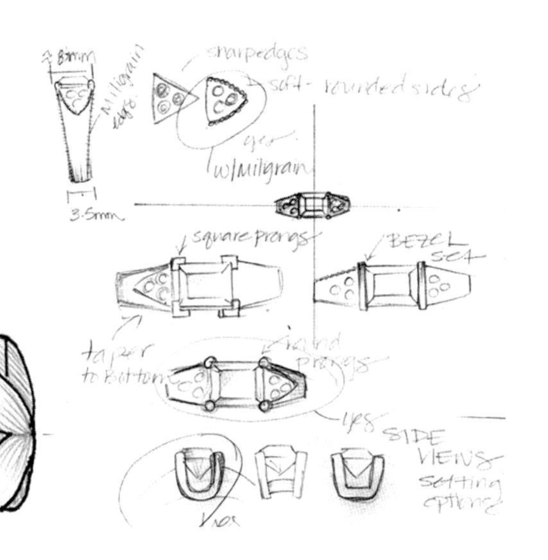

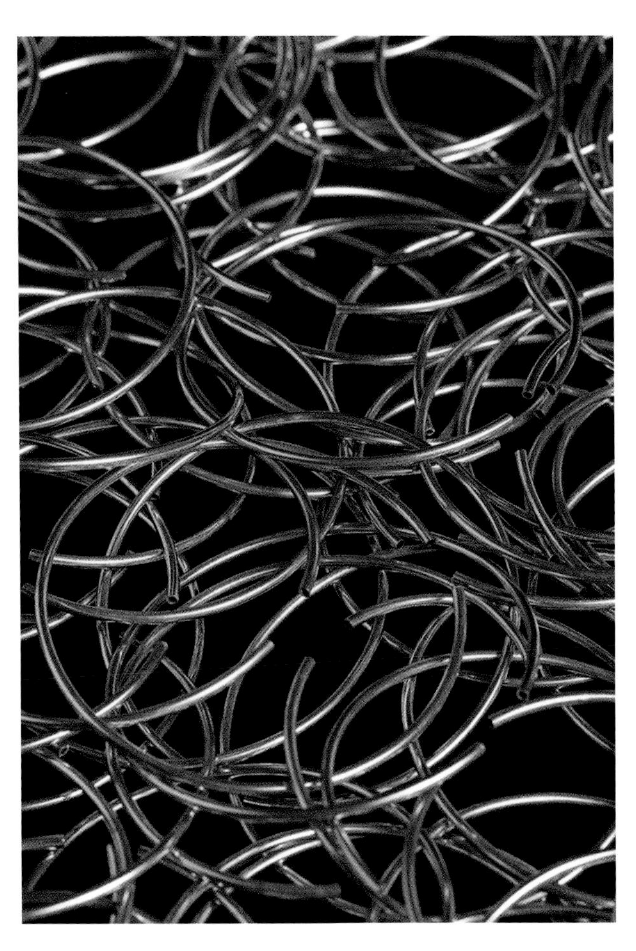

463 » 工作场所

首先我会在随身携带的速写本上画一张草图，然后带到工作台去分析其尺寸、重量、处理工艺，是否应该浇铸或切割完成。工艺不同，作品也会完全不同。分析每一件首饰所需的工艺极其重要，因为这是优质工艺的保证，最终会在销售时体现出来。

464 » 开发一个系列

在进行系列构想时，需要考虑到各种因素并仔细分析世界流行趋势。如果想要产品有好的销路就不能背道而行。必须考虑的因素包括颜色、形状、材质，最重要的是主题，加上实地调研和灵感迸发。所有这些工作会孕育出最终的作品。

465 » 材料

珠宝经常使用的材料有金、银、铜等，一个好的设计师需要具备的技术素养就在体现这里。好的创意能够将这些材料互相搭配，还会与羽毛、绳子、面料、合成物和天然材料进行组合。我尽量不使用合成材料，因为我的品牌以高品质闻名，都是独特而新奇的设计品。

466 » 色彩

我们大多数时候会跟随潮流趋势，但也会尝试用色彩表达自己的思想状态。珠宝的神奇之处在于，就我目前经手的系列作品来看，有些宝石的颜色会决定其历史价值。这会帮助我完成脑海中的想法。

467 » 传统制造 VS 试验

我喜欢将传统与试验相结合，因为我虽然是一个时尚新潮的女人，但我仍有根深蒂固的传统思想。我认为两者的结合是最理想的。无论何时，设计的同时我都会思考自己是否会穿戴它。

468 » 你的左膀右臂

我的左膀右臂是梅西亚，一个知道如何将我的作品诠释得更完美的人。她能够将我的每个要求都传达给珠宝商。她是我完美的共生体！

469 » 个性 VS 共性

戴着我们首饰的人都会感觉到特别。同一件先锋派的饰品，他们既可以穿戴着去参加派对，也可以搭配牛仔裤和T恤衫。

470 » 品牌价值

我的品牌承诺每个顾客都将感受到十足的舒适与真诚。不仅外形优美，更重要的是独一无二。

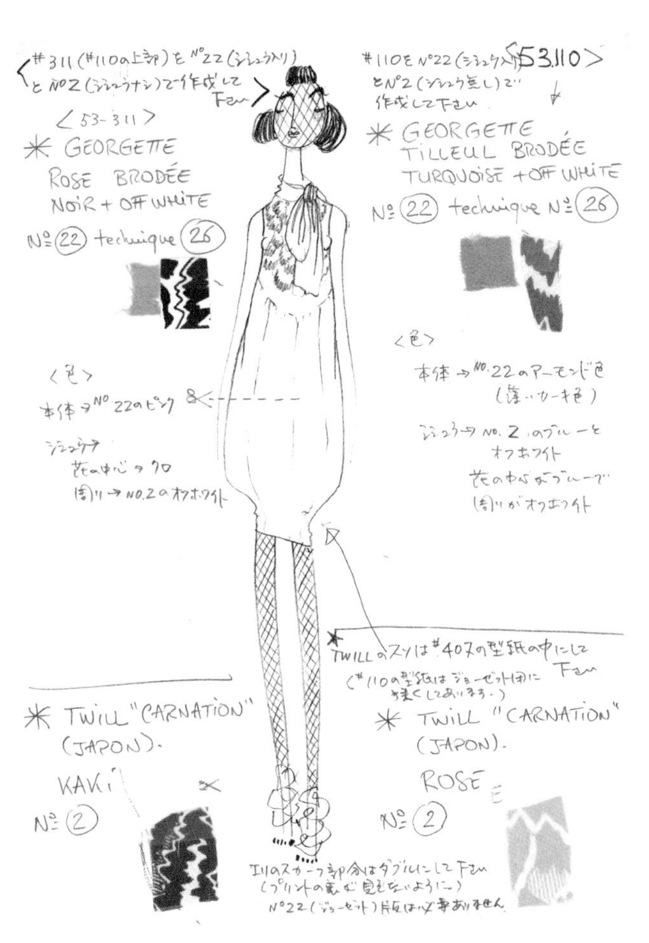

471 » 灵感

我在开始设计一个系列时，并不会去想某个具体的东西。生活本身就是灵感，比如街上的一个人、一部电影、艺术以及音乐。首先拥有一个系列的想法，然后将这种构想表现出来。

472 » 缪斯

系列的整体廓型来自于我所画出来的女人的姿态风貌，这种态度取决于她的姿势，进而决定了系列中服装有多少量以及比例。除了这种整体态度之外，还有两类并列的想法左右着这个系列的走向。

473 » 品牌价值

Junko Shimada在精致、奢华、中产阶级、魅力的范畴内极具个性化。

474 » 材料

材质要和整个系列的基调相吻合。我会从日本、意大利、法国、澳大利

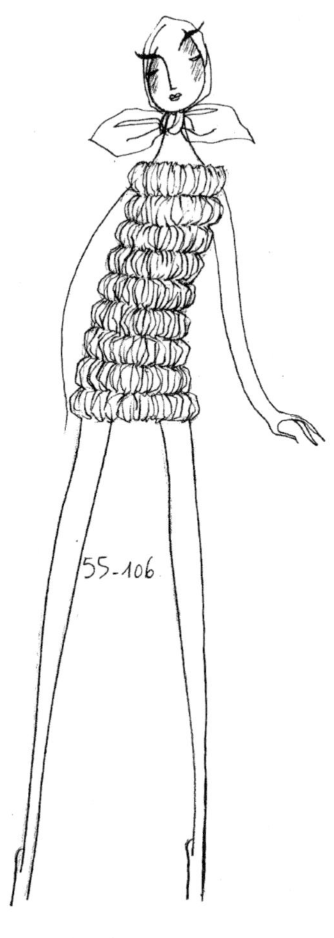

© Instalación de Bowling Clubs

亚、瑞士等地购买面料，根据面料的质量直接从供应商那里进行选择。

475 » 使命

保持真实、诚实的自己。自由地创造。这会让别人尊重你的理念和真诚。

476 » 风格

性感、清新、可爱、时髦，并伴随着一定程度的天真无邪。既有天真无邪的一面，又有深沉、严肃的一面。纯真与严肃并存。

477 » 销售

考虑你是为谁设计，了解你的市场。我会把这些考虑在内，但是这并不会影响我的创造性。

478 » 认可

人们理解你的工作就会认可你。

479 » 推广

这是一切的关键。我们在巴黎拥有一间时尚新闻办公室，负责宣传策略。

480 » 好习惯

谦逊是最重要的，然后对自己高要求，坚持不懈，充满好奇心。

481 » 灵感

你必须敞开怀抱，用心感知周围的世界，因为大千世界之中灵感无处不在。勇于接纳任何可能性。灵感来自于任何事物，可能是一件古董、一块面料、一部老的电视剧、一些认识的人，也可能只是你想在衣柜里找一件合适的衣服却找不到的心情。

482 » 工作场所

我们有三四个不同的试衣模特，虽然体型不尽相同，但共同点是她们都切合我们的品牌风格，非常有趣，不做作。她们自身的风格和个性是最主要的，描述身材的各种数字反而是次要的。在紧张的设计时期，每周会有两次或三次的试衣环节，设计部也会搭建一个工作室来拍摄造型，点评效果，也会在看过照片之后继续提出改进意见。

483 » 传统制造VS试验

我们的制作是以传统的工艺为基础，但是我们也会大胆尝试新工艺，并且将两者一起运用到服装制作中。决定产品是否时髦的不是制作方法，而是产品所体现出的风貌。

484 » 品牌价值

创造力。

485 » 色彩

色彩必须与你试图表达的东西相匹配，它设定了基调，就像音乐之于电影。

486 » 推广策略

创造力是我们想传达的信息，我们的推广策略是出其不意、自然流露。

487 » 风格

我们保持着幽默感和制作精致服装的欲望。

488 » 时装是艺术吗？

我们热爱艺术，同时我们制作服装。

489 » 建议

你不可能永远都是有所准备的，所以要适应这一点，动手去做。

490 » 销售

能让人精神为之一振并让人想要去穿的服装自然会畅销。

491 » 灵感

我的品牌就提供了一个框架，我只需要用眼看，用耳听，保持一个开放的思想。

492 » 工作场所

我的工作室在慕尼黑一个非常安静的街区，旁边有座历史悠久的公墓，其中安放着一些著名的艺术家如Klenze。我真心认为这种氛围能产生很奇妙的想法。

493 » 材料

我的品牌叫做Haltbar，代表耐用性，这就是为什么我会寻找一些传统的工装材料，大部分来自德国、瑞士和奥地利的小型纺织厂。

494 » 色彩

色彩是用来强化设计的。但对我来说，色彩需要服从功能性。

495 » 开发一个系列

想想自己喜欢什么，以之为起点开始创作。对我来说，灵感的源泉是功能性、简洁和自己的哲学。

496 » 个性VS共性

绝对是个性。

© Markus Strasser

© Markus Jans

497 » 风格

我想让我的服装有一种自然的感觉，所以会和客户沟通这一点。除此之外，我觉得服装不需要策略。

498 » 进步

卓越、条理清晰、简洁、不言自明。我唯一会改变的东西是配饰。

499 » 建议

矢志不渝，然后坚持。要富有热情，说话和气。

500 » 销售

你永远不知道销路如何，不如让销路来带给你惊喜。但是要确保你的系列展现的是一种完整的风貌。

501 » 风格

我将自己的风格定义为“运动的奢华”，这是一个既融合了街头、乡村以及城市文化，又兼顾了其对立面，诸如奢华、权势、媚俗等，最后全部融合于说唱、嘻哈与颓废的综合体。

502 » 参考素材

我的母亲是意大利时装的批发商。当我还是个孩子的时候，她会让我玩服装展示的游戏。我曾和她一起去意大利，并在展会上帮助她。我想正是这种潜移默化的影响使我在毕业后决定进入时尚圈。

503 » 创作一个系列

我将西班牙的近郊文化、运动、嘻哈以及奢华等进行了融合。

504 » 推广

我们通过两个平台向公众展示我们的作品，即BBB（综合品牌国际博览会水平级别）和080（展厅级别，国际上年轻的设计师会在这里举办发布秀）。只要这个展厅对于你的品牌来说是合适的，并且也有观众，那么便是十分有用的。

505 » 挑战

与我所学的知识一起前进。

506 » 销售

在西贝莱斯的秀场上展示了自己的作品，创造了属于自己的品牌，并且意识到品牌集成店销售自己的产品对于一个年轻设计师有多么困难后，我决定在我母亲的帮助下开设属于我自己的直销店，并将它视作是我母亲的零售商店。这并不容易，现在依然如此。

506 » 认可

自从在西贝莱斯时装周期间开始第一个“Ego”系列，我的知名度大幅提升。无论何时何地，提到“运动服”这个词，就有我的名字。

508 » 品牌价值

我的系列并不是针对说唱乐迷。我相信必须定义自己的品牌并创造自己的价值，但是这不意味着这要切断与社会的联系。我的品牌专注于这样的社会群体，他们在精神、勇气、叛逆与幽默感方面都是年轻的一代。

509 » 建议

我一般不按照客户的要求设计某些特定的产品；我喜欢专注于自己的创作，并且不喜欢偏离轨道地设计不符合自己风格的产品。

510 » 团队合作

我总是设法让别人帮我拍摄走秀时需要的造型。我在这些方面完全不擅长。

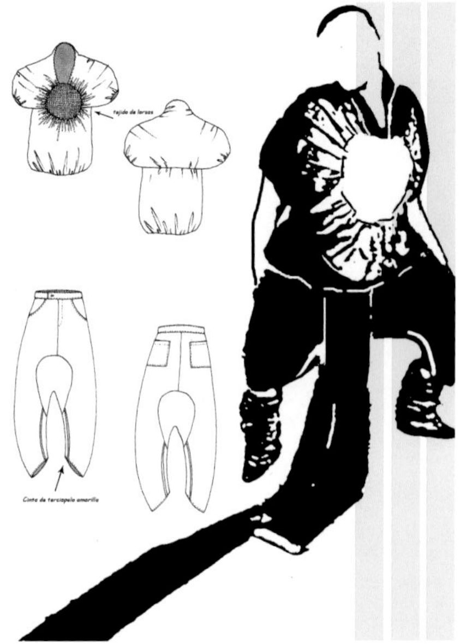
Cinta de terciopelo amarillo

KRIU
KRIU

511 » 灵感

在开始新的系列之前，我们会先确定一个用于调研的主题，而后想法就会一个接一个地呈现出来。最后，我们着手的并不是某个特定主题，而是所有相关的不同想法。

512 » 缪斯

我们尝试设计时尚、新颖且舒适的服装，让大众都适合。这是我们的动力，也是我们没有任何缪斯的原因。我们的工作场所就是从我们的调研中诞生的创意实验室。

513 » 创作一个系列

每个款式都是通过分析纸样，改变造型的体量，直至达到我们满意的样貌这样一个很个人化的过程。之后，我们会选择颜色的搭配以并添加细节。

514 » 色彩

我们使用十分基础的蓝色和黑色，并结合从“第一视觉”展会上挑选的流行色。我们个人的色彩灵感来源于艺术展（比如我们

只能在巴黎尼兰德斯协会看到的欧文·奥拉夫的艺术展览）、建筑、旅行、自然界以及街头生活。除此之外，有些东西很有趣，特别是老年人的着装风格，即他们穿衣的方式以及色彩的搭配。

515 » 传统制造 VS 试验

对我们来说两者都很重要。我们的设计以经典与传统为基础，并加入了时代特点以及创新性。传统与试验是相互关联的，两者没有界限。我们需要具有代表性的产品，需要适应需求的变化。客户可能突然要一个轻便而创新的产品，因此我们有必要调整自己以及组织一切因素，满足这种需求。

516 » 个性 VS 共性

我们的创作更具个人主义。尝试找到设计服装的新方法。我们的目标是在群体中找到个性，使人们能够将自己与别人区别开来，而不是将自己融于群体。差异就在于同时体现新颖性和现代性。

517 » 推广

推广通常都很重要。我们通过互联网做了很多宣传，对此我们付出了很多努力。我们不局限于自己使用单一的宣传方式，也不像其他人那样拥有很多噱头，比如昙花一现的营销组织。然而，我们能够像其他的创造者一样展示我们的品牌。有时一些集会以及口碑就已经足够了。

518 » 街头时尚 VS 时装设计师

时装来自于两者之中，没有一个能独自存在。我们受到街上所见事物的启发，而街头时尚也被设计师的某些流行趋势所影响。

519 » 好习惯

严谨、创造性、现代性以及长远目光。

520 » 销售

产品的创新很重要，但同时要具有可穿性。在系列中，我们常使用创意面料。但在更商业化的产品中很少使用，但这不会直接影响我们的创造力。

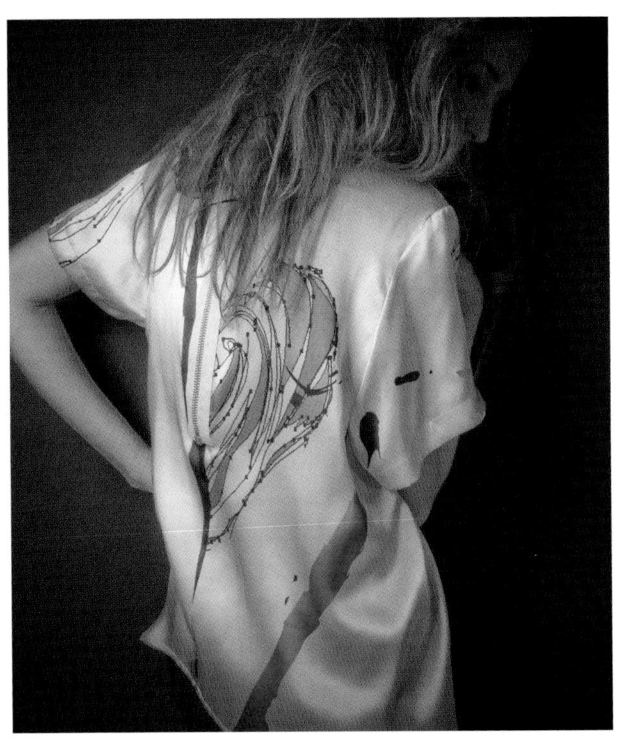

521 » 灵感

我们通常在系列设计之前确定一个主题。它可能是一个抽象的或者几何的主题，比如一个圆形或者是某个动物形象。我们通常将系列理解为可以延续设计的产品，而不仅仅是在推出阶段，因此我们更加喜欢概况性的或者比较永恒的主题，这样在能量第一次爆发之后我们还可以继续挖掘。当然，在河内街头的日常生活也是灵感持续不断的源泉。

522 » 缪斯

我们心系Chula的客户，他们与众不同，却又不浮夸荒诞。

523 » 灵感

我们使用了许多并不与时装直接相关的类似材料，例如：照片、抽象画、建筑、平面设计、公众人物的图片以及许多的谷歌图片。我喜欢将制作服装当成是做饭——你想要烹饪美食所以你需要去超市寻找当季新鲜的农产品。我们非常幸运，因为河内有许多根据季节变迁的优质的面料市场，虽然对于提前订制产品并不十分有效，但是乐趣无穷。毫无疑问，越南的重要产品各种肌理的丝绸，而且颜色丰富之多让你应接不暇。如果你有最好的材料，为什么不用它们进行“烹饪”呢？我们从不对任何材料说不。

524 » 个性 VS 共性

人们觉得我们的服装与众不同，尤其是我们对每个款式的生产量进行控制以及我们对每位客户的用心程度。

525 » 色彩

你不能理解没有色彩的Chula；或者更甚，没有任何颜色。我们尝试用一种颜色制作服装，但是没有成功。服装为颜色的使用提供了借口。

526 » 风格

Chula主要制作女装，且通常是为特殊场合设计的。客户通常给我们的反馈是许多男士（并不对时尚十分感兴趣的）通过表达他们对于服装的喜爱来与她们套近乎。

527 » 哲学

我们的广告词是你既能穿着优雅却不失幽默。当然，在这样一个同质化的世界中你仍能找到价格合理的款式，且能与设计师直接对话。

528 » 进步

我们不遵循每六个月推出时装秀和系列的规律。当你开始创业，追赶大品牌就等于是自杀。我们倾向于每一季都设计两个系列。现在我们正着手一个以动物形象为主题的服装系列和另一个以更为抽象的三角形为主题的服装系列。但与此同时，我们重温了过去三年的服装系列。

529 » 时装是艺术吗?

一天，我们与一个客户在工作室，她突然看到了一件尺码小于她的号型的服装，她爱上了它。我们帮她量了尺寸，但她仍坚持买下它，即使她知道尺码并不适合。她说她并不想穿它；她想将它装裱起来挂在自己的客厅里。这只是一个小故事，但事实是当公众购买服装时，他们寻找的不仅仅是一件能穿的东西或者是设计师标识。

530 » 好习惯

最好不要将你自己局限于只有杂志、服装秀等有关设计的世界中。

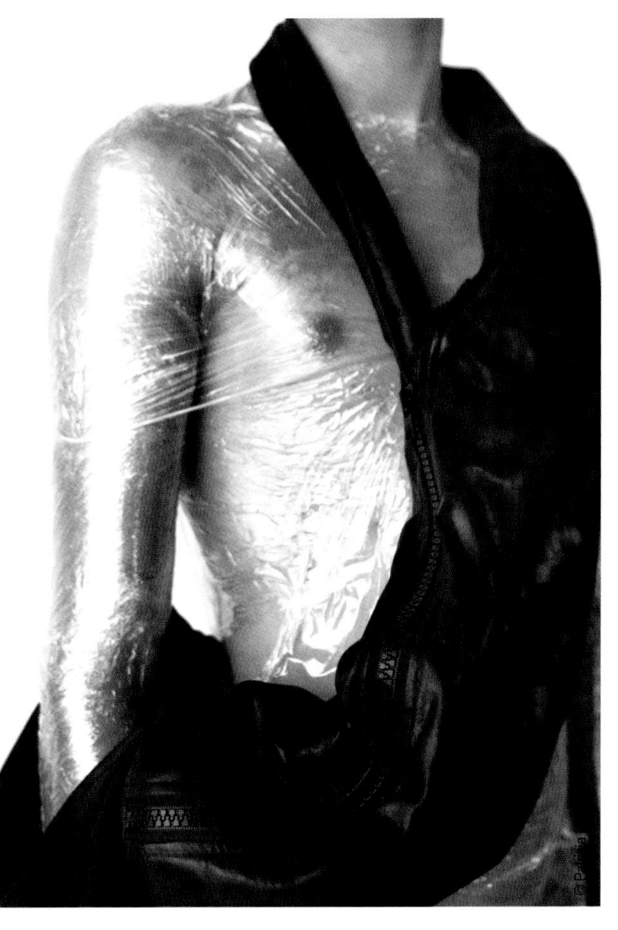

SOFT FOCUS

An alternative vision of menswear, exemplified by the works of three contemporaries of the scene – Henrik Vibskov, 0044 and Lidija Kolovrat, has provided a refreshing benchmark for young guns everywhere. A common thread in their otherwise diverse creations is a particular masculine form of softness – either in the textures, detailing or colours. The vivid fluidity of these clothes is at once delicate and ingenous – like Balanchine's ballets or Fosse's jazz choreography; and like these metaphors, is best seen in full motion. Vibskov, a Danish born alumnus of Central St Martin, named his latest Spring Collection 'The Fantabulous Bicycle Music Factory', a homage to an imagined symphony that the wheels and cogs of a pedalbike make, its complex nature translated into gently cut layered pieces with bold, contemporary prints and hues that could be worn by either gender. His current collection shows a growing maturity and refinement that moves him a step up from many of his electro-repro obsessed peers. Lidija Kolovrat has proved one of the gems of Portugal's burgeoning fashion scene. Based in Lisbon, her take on menswear – with its almost diaphanous cocoon tops which layer to emphasise the chest, paired with loose candy striped trousers – is more romantic, less aggressively youthful than Vibskov's yet maintains that similar air of the epicene. More louche, and perhaps most distinctive of all is Seiichiro Shimamura's latest collection for cult Paris-based Japanese label 0044. With its penchant for beautifully aged fabrics, 0044's style is often grouped together with labels such as Number Nine and

Lidija Kolovrat

531 » 灵感

在我开始一个系列之前，能够找到自我感觉——那是任何设计构思最初的起点。因此这更像是一种主题和灵感有机地出现带来的感觉。

532 » 开发一个系列

因为事物开始于初始的理性与感性，得到拓展的一切都会自得其所，否则就会被淘汰。

533 » 色彩

它就像一首旋律，随着光线变化。因此它可以是浅色的或者深色的。此外，色彩是非常直观的东西，它能表达同样的感觉，或者将其从最初的创意中抽离出来作为一个对比因素。

534 » 品牌价值

我们的品牌进行充分的调研，并且能持续升值。

© Ricardo Quaresma Vieira

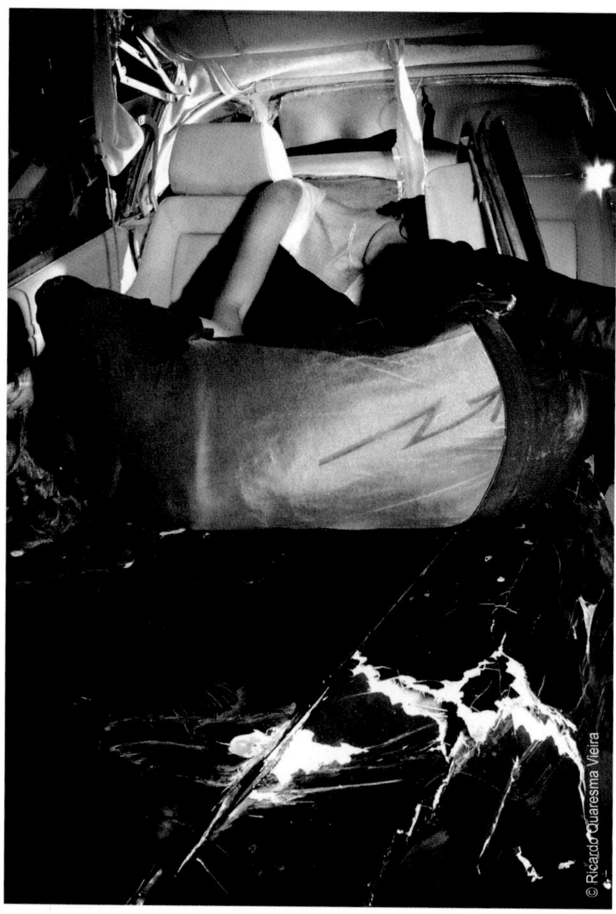

© Ricardo Quaresma Vieira

© Alexander Koch

© Patricia de Melo Moreira

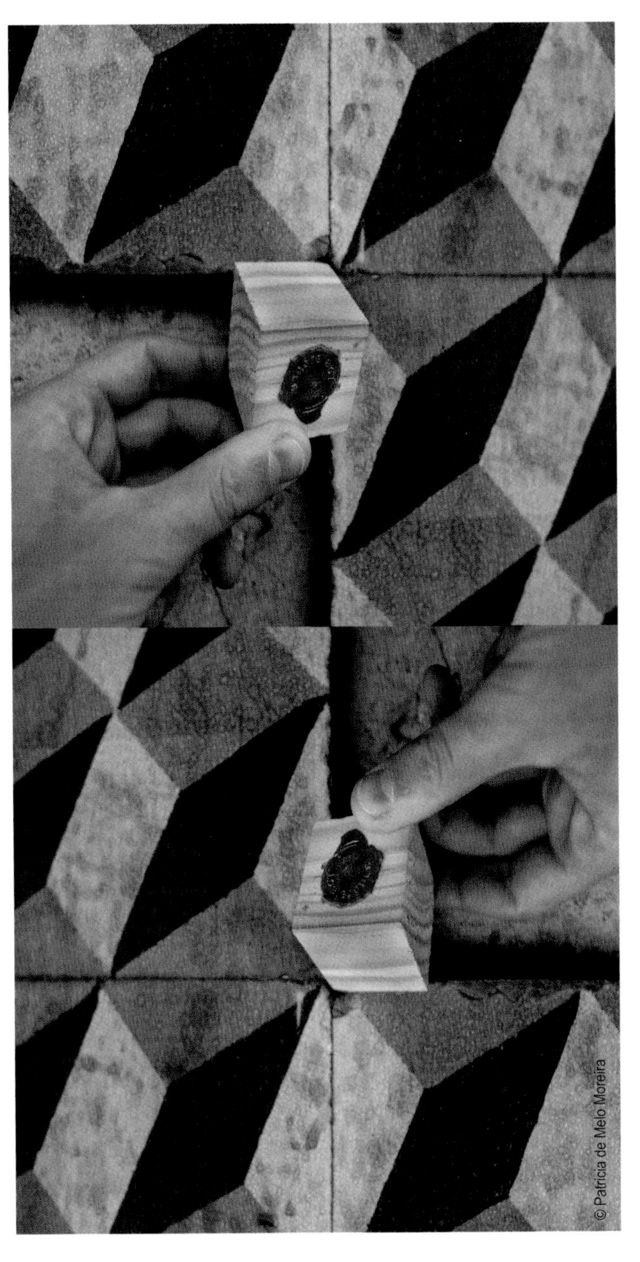

535 » 个性VS共性

我几乎是捍卫自由的，因此我选择个性。我从这点着手工作。发现和运用常识是非常有意思的。这两种想法不一定是对立的。只是喜欢或不喜欢的问题，我能从各种视角中做出决定：个性还是共性。

536 » 推广

推广对于我来说十分重要，但是这并不意味着我很擅长。

537 » 进步

我觉得我需要在任何时刻都充满活力并且善于沟通。因此，在某种程度上总有工作要做。

538 » 时装是艺术吗?

我认为自己有身为艺术家的姿态，但是我做的却是关于主体处于思维的状态或者反之亦然。我最近的项目是将思维与空间通过中间的主体联系起来。

539 » 建议

对于事物最初的感觉往往能获得相应的结果，这是推理演绎。

540 » 认可

最好的赞赏就是人们喜爱我的作品。

© André Calvente

© Fernando Caifa

541 » 好习惯

不要担心流行趋势和市场。越过表面拓展自我，使自己变得更加真实。

542 » 灵感

我们同时设计两个系列。这意味着很多时候我们都参与到创作中，我们喜欢思考感觉、听到的音乐以及当下的时刻。从不仅仅以一个参考素材作为创作过程的开端，将所有喜欢的东西放在一起，一步步创造新的形象。在这之后，服装便开始呈现出其造型。

543 » 色彩

我们认为任何色彩都能与其他的色彩相搭配！因此，最担心的便是关于创造令人快乐且丰富多彩的服装，使得看到它们的人产生同样的感觉。我们尝试做不同的造型或图案，这仅仅是因为我们喜欢这样并且这是我们最好的动力。没有它，一切都将变得乏味。

544 » 进步

我们意识到提升自我、持续进步的必要性。对于每个系列，我们都倾注了大量的时间、精力使其超越前面的作品，对每件服装都精雕细琢，如果有必要的话重新制作印花图案，然后从头开始不断返工制作这个款式。

545 » 推广策略

我们从不考虑推广策略，但是会关注自己的品牌形象。我们总是喜爱美好的形象并且乐此不疲。从我们的名字Amonstro开始，几乎凭直觉创造了一个强有力的形象。我们并不担心遵循规则，这成为我们有别于其他品牌的特殊之处。

546 » 风格

个性总是持久的，而且每天都在增值。如果你将重心完全转向业务，你

© Fernanda Calfat

© Lovefoxxx

© Carlos Dias

© Pierre de Kerchove

将失去创作自由。我们相信当你开始关心销售价格和当前正流行的东西时，你的创造力将变得匮乏。

547 » 传统制造 VS 试验

我们以试验为基石。我们思考制作过程的每一个环节并尝试用新技术新方法来实现某种效果。有时结果并不尽如人意，但却让我们很意外，这种感觉很棒。

548 » 工作场所

当我们开始为工作室选址时，我们用了一年的时间找到这间房子。这对我们很重要，我们的工作场所必须有积极的能量与生命力，即拥有许多植物和充足的光线以及堆放着所有的书籍和杂志。

549 » 建议

你不能肤浅!

550 » 认可

创造美丽的形象。

© André Calvente

DIE MISCHUNG MACHT'S

Seit Livia Ximenenz-Carillo und Christine Pluess vor einem Jahr "mongrels in common" gegründet haben, sieht man sie nur in ihre eigenen Entwürfe gewandet. "Wir tragen gern unsere Kleidung und hoffen, alle anderen tun es auch", sagt Livia. Vieles spricht dafür: die Jungdesignerinnen gewannen mehrere Nachwuchspreise, ihre Mode wird bis in die USA und nach Asien verkauft. Kennengelernt haben sie sich während ihrer Ausbildung an einer Berliner Modeschule. Christine, die argentinische und peruanische Wurzeln hat, ist in der Schweiz aufgewachsen. Der Vater von Livia ist Spanier, die Mutter Deutsche. "Unseren multikulturellen Hintergrund zeigen wir in unserer Mode und mischen auch gern Elemente aus männlicher und weiblicher Kleidung", sagt Christine Pluess. Das manifestiert sich auch im Labelnamen: "mongrels in common" bedeutet, frei übersetzt "Gemischtes Doppel". Ihre Oberteile für beide Geschlechter, witzige Jeans und vieles mehr gibt es in Berlin bei F95, Frankfurter Allee 95-97, Berlin-Friedrichshain.

www.mongrelscommon.com

551 » 灵感

在每个系列中我们都结合了两种截然相反的文化。因为我们两人都是混血儿，这意味着我们都来自多元文化的背景，这是我们最相似的地方。它代表了我们的个性。例如，在2009/2010秋冬系列中，我们结合了柏林的当代艺术魅力以及迪拜的未来主义与图形建筑学的影响。

552 » 开发一个系列

我们的工作方法不同于其他的设计师。我们很少勾绘设计稿，我们讨论时装并进行大量的立裁。

553 » 材料

从一开始就很清楚我们的目标群体。因此，我们只选择高品质的面料。为了寻找合适的面料制造商以及了解最新的流行趋势和流行色，到巴黎参加“第一视觉”面料展是必不可少的。

554 » 你的左膀右臂?

Stephanie，我的助理。她是最棒的！

555 » 品牌价值

高品质的面料、精湛的制作工艺以及合理的价位。

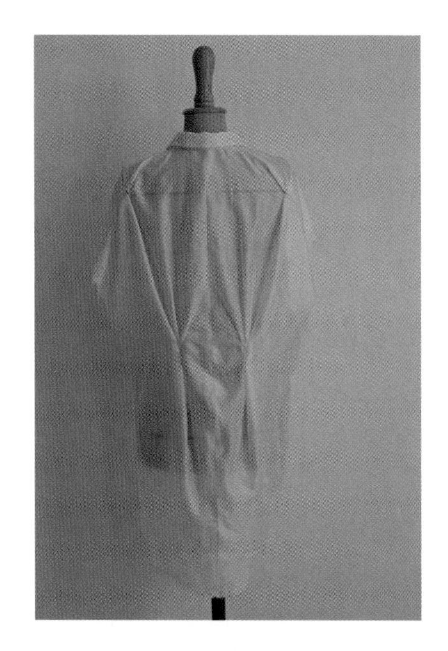

556 » 进步

对于每一个新的系列，我们都尝试超越上一个系列。一旦一个系列完成，你总能找到原本可以做得更好的事物，我们试图将这些创意融入到新的系列中。

557 » 推广

推广必然与销售相关联。我们一直以来都与一家著名的通讯社合作，这对我们一直有很大的帮助。许多客户在看到一篇关于我们的文章或者一篇关于我们服装的报道后都会加入我们品牌的“怀抱”。

558 » 街头时尚 VS 时装设计师

两者的融合是最好的。每个人显然都会被街上的所见所闻而影响，但是之后并不是复制你所看到的东西，而是在改造或进一步发展后将其融入到新的设计中。

559 » 建议

为了保证你能准时完成任务，请注意事情的轻重缓急，特别是在面临巨大压力的时候。

560 » 销售

服装美观，可穿性强，这点很重要。因为我们必须依靠销售服装来谋生，所以在设计以及产品的制作上必须做出让步。因为如果生产工艺太过复杂，生产的成本将会增加，产品就会变得很贵，没人会去购买它。

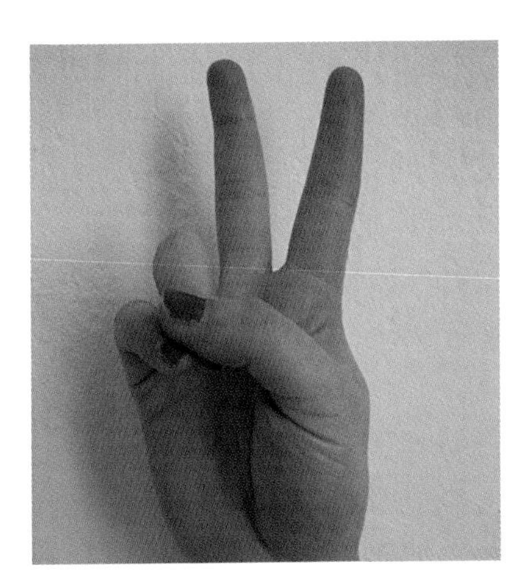

561 » 灵感

我们通常思考与我们阅读过的电影、建筑、音乐、书籍，家中的老照片，纪念品等有关的主题。将我们所熟悉的事物挖掘出新的感觉，这是很有趣的，因为它们本身就是触动我们内心的事物。

562 » 开发一个系列

我们决定系列的主题，并通过体量、线条、颜色和面料加以表现。因此，我们给予每件服装一个共同点。例如，2009年的夏装系列就是启发于50年代的一次丛林之旅。我们选择用

亚麻制品和棉料来体现凉爽的感觉。使用了让人联想起那个年代的褶皱元素，增加体量。对于男装系列，我们使用了那个年代狩猎装、蚊帐等的经典条纹。

563 » 材料

我凭直觉选择材料，但是我总是寻找高品质以及天然的面料。对于印花和刺绣，我常常“一见钟情”，似乎是为我们而定制的。我们在欧洲、印度、日本和美国的交易会上从销售代表、批发商手中买下它们。我们总是趁着旅行之便进行采购。我们从来不使用化纤面料。难以想象有人乘坐飞机飞行了8个甚至10个小时，穿着人造面料的服装——这种服装的味道是不会令人愉快的。我们一般不使用工业面料，但也不反对将其用于服装中。

564 » 传统制造 VS 试验

我们偏向于两者的结合。我们喜欢尝试，但这总是建立在完美的纸样、面料知识和精湛缝纫的基础之上。这一切似乎更加传统，但是却有助于获得高质量的试验结果。

565 » 个性 VS 共性

我们的服装使人们觉得与众不同，就像每个款式都不会进行大批量的生产，所以对于买家来说在半个城市寻找一件相同款式的衬衫是十分困难的。另外，我们的目标市场趋向于波西米亚的中产阶级以及波波族，因为他们的人生观使他们能够理解我们的时装理念，但对于越来越多的人穿着我们的服装，我们有些意外。

566 » 进步

我们每一季都会改变主题，但我们仍然保留了品牌的鲜明特点，比如：丰富的款式、永不过时的外观、少许的复古、精湛的制作工艺以及面料与色彩的结合。我们近来很喜欢的主题是创造在每个系列都能存在的东西，它们不会重复，但却被全新地演绎。通过色彩、裁剪和体量的变化，一件服装可以在下一个系列中以新的面貌出现。

576 » 时装是艺术吗?

艺术让人愉悦。从某种程度上说，时装也是如此，但是我们也希望它对于日常生活来说是实用的，而不仅仅具有装饰性。它的诞生是为了满足需求，已经有了很大的进步，但其主要功能仍应是实用性。

568 » 销售

为了销售，你不得不使得自己的设计理念简洁有力地传递给客户，这样他们才会理解它、购买它、穿着它。这很有压力，这也是为什么很多服装通常使用基础色系或深色元素的原因。最终，它们能有销售保证。陷入这样的“陷阱”是十分危险的，特别是当你应该标新立异的时候。

569 » 推广

我们充分重视推广，特别是在视觉方面。我们与宣传团队一起为每一次的形象宣传都做了大量工作。我们掌控自己品牌公众接受度，拥有自己的宣传部门。

570 » 学习

除了自己的学习，最好的课程是学习自己创业。每一天都是一门有关制板、剪裁、财务预算、造型、印刷、咨询和拜访客户、心理学、销售、管理、摄影、橱窗展示、平面设计以及采购的课程。所有的这些都来自于组建一个公司。这是一个巨大的责任，但是它也给了你极大的自由来进行设计和决策。

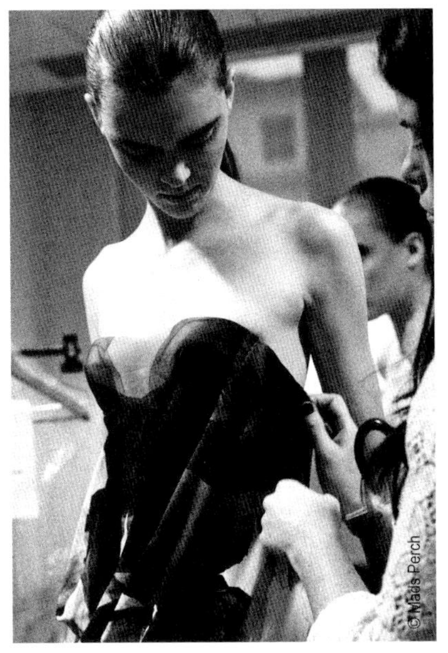

© Mads Perch

571 » 灵感

我通常以评价之前作品并分析其优势与劣势为起点。之后，我才会开始下一个系列的调研。灵感自然而然地涌现，以此为基点奔向不同的方向。对于我来说，创造新事物很重要，但仍然能保留我自己的风格。

572 » 材料

我从世界各地获取面料。我自己非常喜欢丝绸，因为他们有十分舒适的触感和质感。如今丝绸有了许多变化，但却从不令人生厌。都说永远只用丝绸进行创作是“危险的”，但是到目前为止，我仍不会使用涤纶缎子或者雪纺面料，当然它们也不会成为我下一个系列的一部分。

573 » 色彩

对于我来说色彩是强化概念并将系列中各个款式统一起来，这样才会形成“系列”的说法。

574 » 进步

是的，我认为将我的职业生涯视作旅程和发展过程是重要的。我在每一季都竭尽所能，但是每当一个系列完成后，我都要考虑如何去改进它。这是维持一个品牌活力的源动力。

© Mads Perch

© Mads Perch

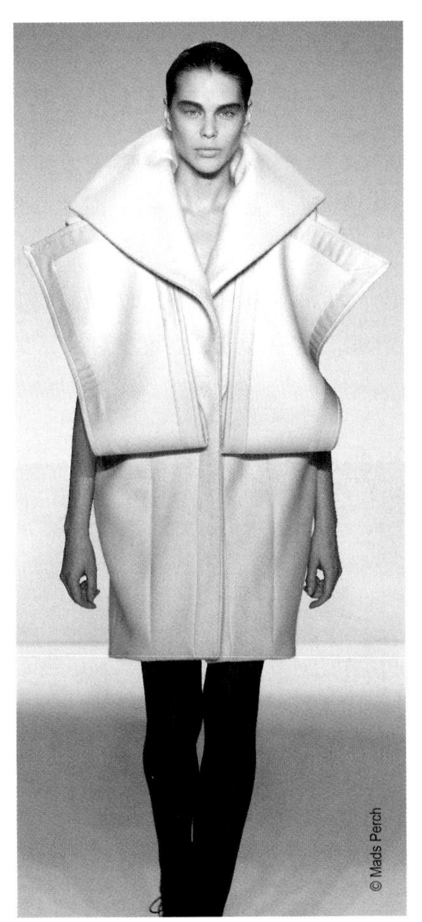

575 » 风格

我总是非常专注于保证各款式的高品质，就如对待设计一般。显而易见的，我有很多标志性的款式和特征，你能再次看到它们——稍作改变形成新的面貌。我不认为我的风格舍弃了什么，相反，我常常会为了增强整体的风格而放弃一些固有的款式。

576 » 建议

我得到最好的教训是“偷工减料”是永远不会有回报的。如果你有为它付出一切的勇气，那么你真的已经偏离正道很远了。

577 » 好习惯

除了保持设计上的开放思维，请确保你知道如何亲自制作出高质量的版型以及缝制工艺。

578 » 你的左膀右臂?

我的左膀右臂是我的助手Cindy。她已经为我工作一年多了，周围有人能理解你的“话语”是十分重要的。她不仅在技术上十分娴熟，而且有着沉着且令人愉快的性格。

579 » 个性 VS 共性

我认为时装带给人们凸显个性的机会，或者依据人的意愿凸显共性，这难道不是民主的真谛么?

580 » 推广

推广十分重要！每个系列的背后都蕴藏着一个故事或者一些其他信息，自然要努力将他们传递出去。做到这点有多种方式，但我认为作为某个系列背后的设计师，让别人去宣传是一个错误的决定。然而，我与一家公共关系公司合作，让他们帮我分担我独自不能完成的惊人的工作量。

581 » 灵感

每一季都开始于一个不同的主题，源于一个调研的过程、一本书、一次旅行、一首歌。“MiNasCelsas”系列(2008/2009秋冬系列)是基于19世纪末的加利西亚乡村的工作装和节日盛装进行设计的。“Viudas”（寡妇）系列（2009春夏系列）着眼于加利西亚偏远农村现在仍然盛行的哀悼传统。“Peliqueiros”是关于中国南方地区旧时官吏征税的故事。

582 » 开发一个系列

一旦确定了主题，我便开始寻找所有我能找到的信息以及所有能使用的手工艺元素。我开始勾画快速草图，寻找面料，决定色彩以及在设计中体现我的初步创意。而后我开始制作纸样并直接在人台上制作服装。

583 » 色彩

一个系列的色彩范围由主题设定。“MiNasCelsas”系列中的大地色代表了乡村、尘土以及年代。“Viudas”系列中黑色出现在从乌黑到灰色的所有基本色调中，体现了不同的哀悼阶段。“Peliqueiros”系列用白色象征纯洁，同时用金色代表财富。红色、蓝色、黄色和绿色都是人们常使用的代表当代政治制度的颜色。

el Bolaño
Artisan depuis 2008

584 » 传统制造VS试验

我更喜欢传统。为每个系列寻找传统元素：传统的卡里玛尼亚斯梭结花边、加入玉片制成的刺绣、老妇们制作的钩针编织品。以试验的方式将这些传统元素加以应用，获得前卫的服装款式。

585 » 品牌价值

我的服装让人们感到自己很特别。你必须避免单调和千篇一律。

586 » 推广

目前我负责推广。因为我无力承担公关公司的服务费用。有关时装秀的一切想法来源于我自己。

587 » 进步

你必须将每个系列都做到最好，而你必须每天工作。系列是交叉进行的。通常在你还没有完成一个系列时，你又得开始准备下一个系列。你就像处于一个无穷无尽的漩涡中。

588 » 时装是艺术吗？

时装是我的表达方式。时装是我的生命。

589 » 认可

人们脸上的微笑鼓励着我前进。

590 » 好习惯

睡觉是浪费时间。这是一个困难重重的世界，你不得不做很多工作。有时候你会完全忘了时间。

591 » 工作场所

我们的模特是我们认识且喜欢的人，或者是艺术家本人。工作室看起来混乱不堪却极富启发性，因为许多白衬衫以及各式各样的颜料激发了我们对于新设计的幻想。

592 » 灵感

我们的每个图形都有它自己的主题，但我们仍尝试现有色彩以及剪裁方式的综合使用，例如，名为“非洲冲浪”（African Surf）的Superhorstjansen系列。

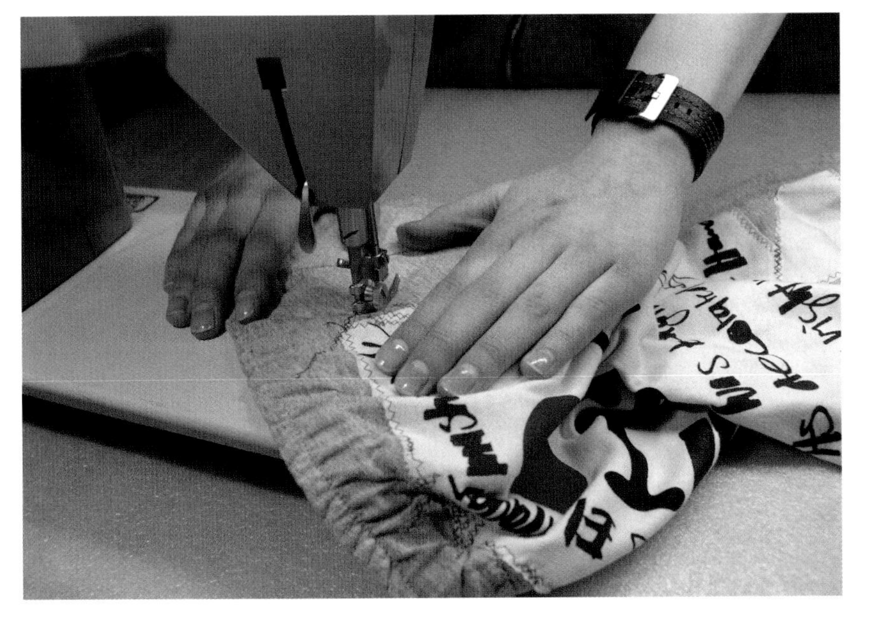

593 » 参考素材

我们试图找到影响我们的艺术、自己的品味以及客户的品味之间最好的结合体。

594 » 材料

Woolwill的政策是只在来自公平贸易以及环保制造的服装上印制图案，这自然局限了原材料的来源。此外，必须选择什么面料适合印染，什么不适合。

595 » 传统制造 VS 试验

试验应当以传统、知识为依据。先学习规律，然后再打破它们。一个代表

"I ♥ NY"

ThiS PRINT
IS 100%
HANDMADE

性的产品有利于提升视觉认知度，同时树立品牌形象。

596 » 你的左膀右臂？

我们的朋友们，特别是Fiona Hinrichs 和Patrick Ossen——我们终生的艺术家们。

597 » 个性 VS 共性

两者都有。个性化产生于将每个纺织品变成独一无二产品的手工印制图案。共性来自于我们唤起共鸣的艺术收藏家团体。

598 » 品牌价值

舒适、高品质、良知以及定制的艺术品。Woolwil不仅给你选择自己最爱的衬衫、毛衣、卫衣等的自由，还让你从现有的系列中自由地选择你最爱的设计和颜色。我们的一个推广策略是为每个新的艺术家以及他的作品举办展览。

599 » 销售

我们努力创造一个既能显示我们的创造力又能帮助我们支付租金的服装系列。有些设计师以大众为导向，而有些更加注重个性，因此不是那么容易被接受。

600 » 认可

我们的客户将自己看作是“艺术收藏家”，并将我们的服装视作是艺术品，这便是对我们最好的认可。

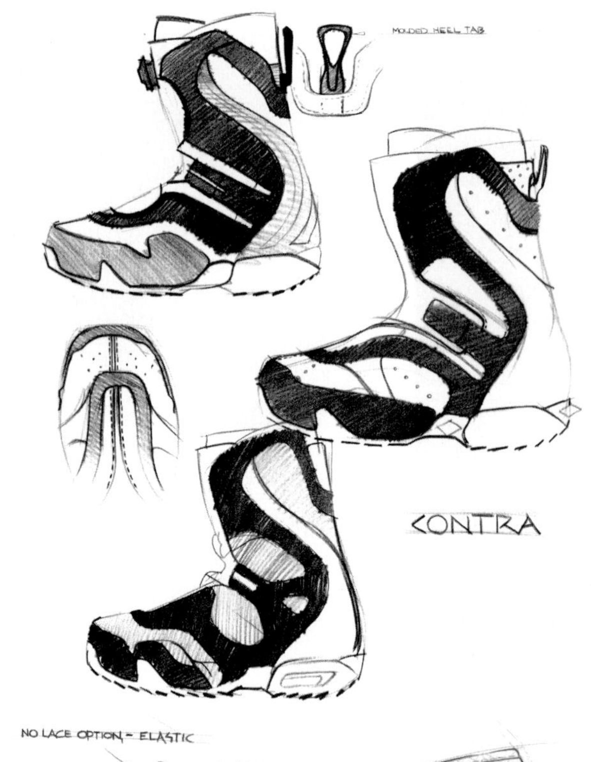

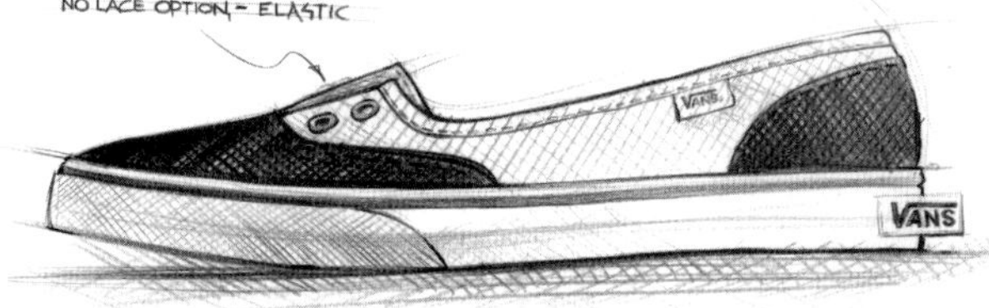

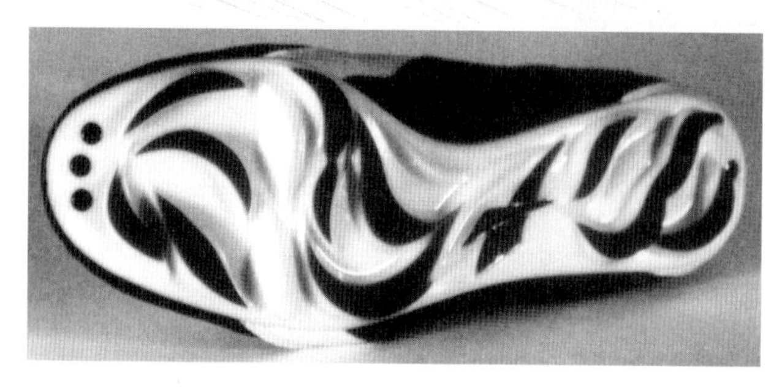

601 » 灵感

每一季都围绕品牌理念而进行。我在寻找能将我们的个性融入市场并被欣然接受的新产品的机会。

602 » 工作场所

这是一个开放的环境，在这里设计师们能分享创意和观点。设计部门没有大门，所以耳机有时是必不可少的。我喜欢分别有一张电脑桌和画图桌，这是不同思维模式所需要的。

603 » 建议

永远不要放弃铅笔绘图。创造力源于手的使用。

604 » 材料

寻找满足鞋子足够耐用的原材料是具有挑战性的。我们依赖于供应商能提供合理价位的趣味产品。如果在一个系列中必须用到某种新材料，我们的工厂会去寻找新的材料来源。从不说“从不”使用某种材料。你的确不知道未来几年什么材料是不错的。

605 » 传统制造 VS 试验

作为一名设计师，我更喜欢试验而公司则更倾向于传统。这是一个有趣的冲突，但是我却很喜欢。产品可能产生于两者的完美协调。我总是尝试用含蓄的方式促进品牌的发展。我们的产品系列中会有余地容纳“宣言式”的款式，

VANS
OFF THE WALL
SPRING 2010
SURF COLLECTION
OFF THE WALL VANS
6550 Katella Avenue, Cypress, Ca 90630
Toll Free: 1.800.Vans.800 Fax: 1.800.477.Vans

但从来不是一次性的，而是成为整个系列的基石。

606 » 你的左膀右臂？

年轻的设计师通常是我的左膀右臂。我依赖他们对市场的洞察力以及与市场的紧密联系。

607 » 沟通

员工会议很重要，但是至关重要的交流产生于设计审查。这是整个过程至关重要的一部分，在这个过程中，所有的一切都拿出来公开讨论，同时我可以确定设计方向。

608 » 品牌价值

穿Vans的人希望彰显自己的与众不同。Vans承诺在极限运动和年轻文化的核心保持独创性、创造性和真实性。话虽如此，我却希望我的设计都变得简单、易于理解且符合大众审美。

609 » 进步

我以前在进入每一季时都在思考如何提升设计技巧。现在我发现自己更想要提高管理能力以及更多地享受设计的过程。

610 » 时装是艺术吗？

时装并不是与绘画或者雕塑同等意义上的艺术。如果你把它视作一辆汽车，即形式与实体结合在一起创造的美好事物，那么是的，它是艺术。

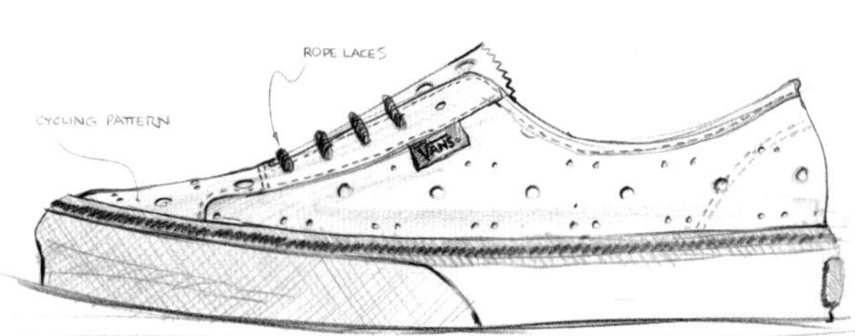

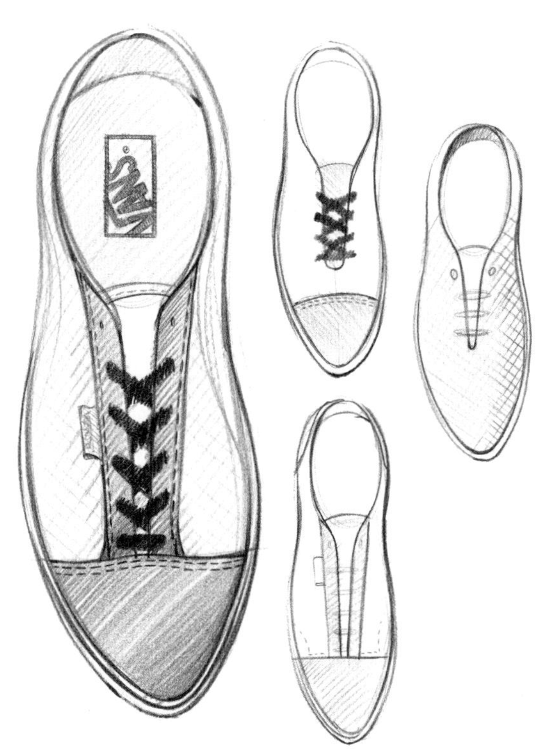

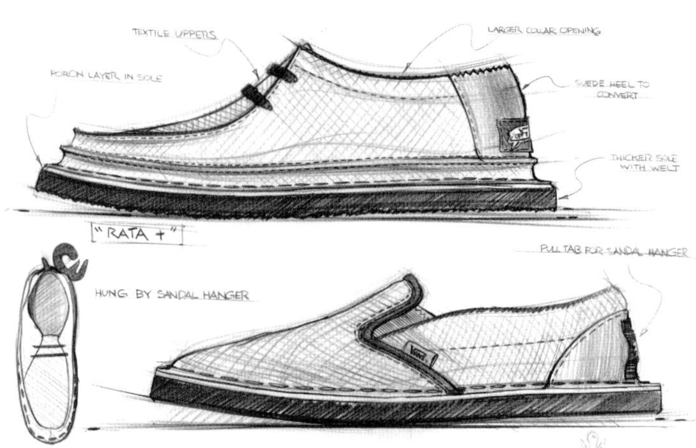

611 » 灵感

我喜欢将所有能激发我灵感的东西放在地板上（它们可能是书本、物体、杂志上剪下的部分或者写在纸上的字），然后观察它们的形态。这是寻找主题的好方法。我沉迷于研究当前正在做的事，而后看看还有什么没有完成。这对于发现难题或者尚未解决的问题来说是有益的。挑战越大，结果越有趣。

612 » 开发一个系列

概念必须成为创造每件服装的思维过程。从不同的时期剪切和黏贴不同的主题变得可以预见。我发现将设计过程作为部分概念加以重新设计更加有趣。

613 » 材料

我喜欢购买对生态环境无害的有机面料或者可替代面料。要做到这一点，你需要确切了解它们是在哪里、如何被生产的。追踪这些原材料如何从纤维变为最终的面料需要花费许多时间和精力。有时我通过纺织品代理商进行购买，有时候我直接从饲养动物或者种植农作物的农民手中获得。

estethica
in association with
Monsoon and Accessorize
Ecofashion:
Style & Substance

flower top with falling flower skirt

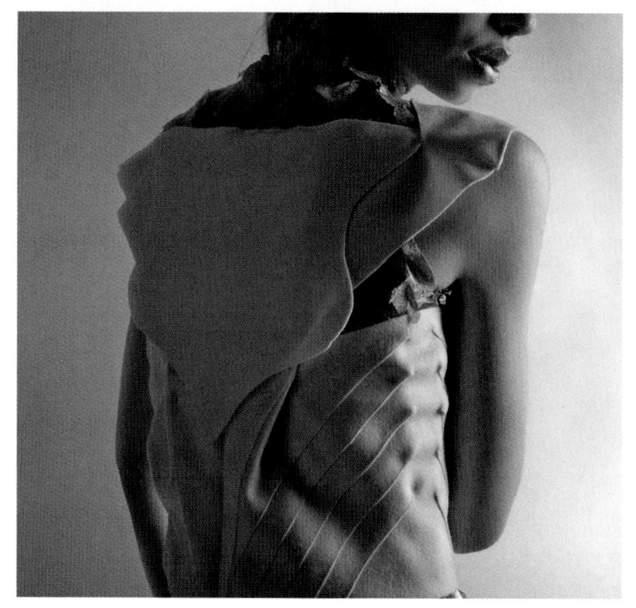

614 » 个性 VS 共性

创造的作品引发怎样的不同反响取决于是谁穿。他们的个性将决定了服装反映的是独立性还是群体心态。

615 » 传统制造 VS 试验

我想找出人们传统上做事的动因然后以此进行试验。你必须明白，我们目前认为传统的事物在过去是一种试验。我认为用关键的款式展现系列的精髓是个非常好的主意。

616 » 进步

如果你皆尽可能地阅读、研究和试验，在6个月中不想提升都难。我的设计对客户来说总是有一种新奇感，即使材料、主题以及工艺都在不断变化。

617 » 时装是艺术吗?

我并不认为自己是一个纯艺术家。但是，我的确创造一些美丽的事物，并且涉及一些人们认为是艺术的概念。我更喜欢称其为时尚和研究。

618 » 建议

如果你不能创造你想要的，制作起来似乎是不可能的，那么你应该认为或许它现在还不存在，你必须去发明它。

619 » 好习惯

不要害怕失败，学习如何面对你的劣势并制定经济安全的商业计划（说起来容易做起来难）。

620 » 认可

鼓励人们以一种更可持续的方式生活是我获得的对我工作最好的赞美。

© Ehud Joseph

© Ehud Joseph

621 » 灵感

我思考我此刻的情绪。我的设计与我当下的感觉和思维紧密相关。通常一个新系列的开始是对前一个系列的反应。这可能是前一个系列的拓展，也可能是朝新的方向迈出的一步。

622 » 工作场所

我的工作场所由阿姆斯特丹的世界时尚中心提供。它很漂亮，两面全是窗户，光线充足，早晨阳光洒满整个空间。我根据我们的需求来布置，充分发挥其功能性。这是一间工作室、办公室、陈列室，有时还是一间咖啡馆。我使它成为了一个私人的空间，因为我在这里度过了我绝大部分时间，所以我将我所有的书籍、杂志以及一些艺术品放置于此。这里还有一个非常好的咖啡机，它非常重要！

623 » 开发一个系列

主题或者概念常常转化为一种装饰，就像我在2009/2010年秋冬系列中的心形物。在该系列中，我将创造时装的热情转化成了各种各样的心形，将当代动荡的金融市场用棉质材料演绎，仍然塑造了华丽且时尚的外观。

624 » 色彩

色彩是直觉的。我喜欢以出其不意但仍然合理的方式配色。面料不同，对颜色搭配的影响非常大，因此我需要先看到颜色在实际面料上的效果再进行选择。

625 » 你的左膀右臂？

我的好朋友伊胡德·约瑟夫，与我一起在中央圣马丁学院学习的同学。他学习男装设计，有十分不同的见解，所以他对我来说是个好榜样。

626 » 个性 VS 共性

我认为是个性。对我来说，我创造的服装十分个性化，所以我希望人们穿上它的时候能体现这一点。

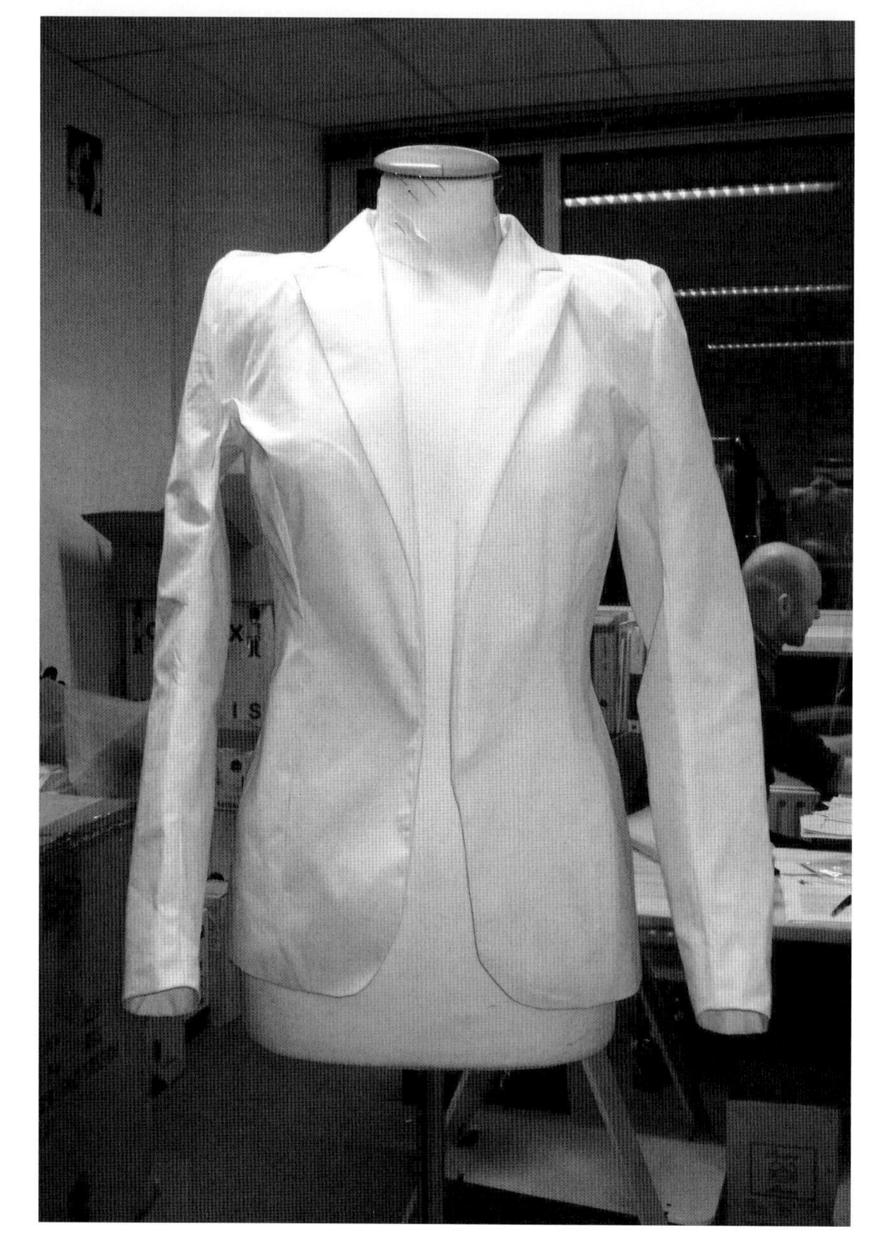

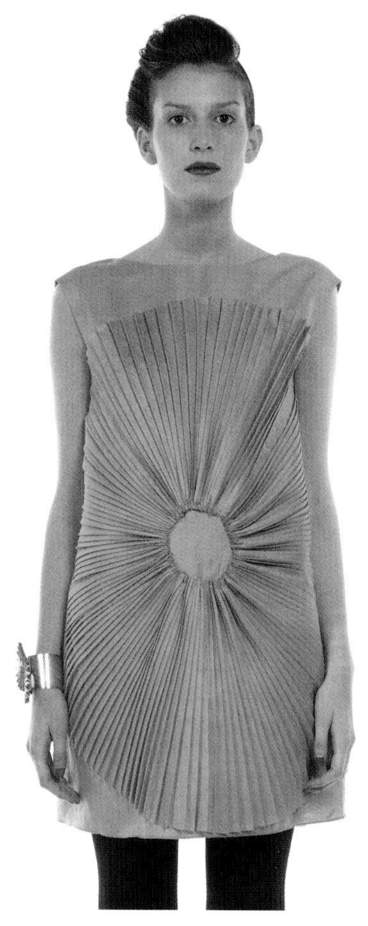

© Jan Boventerg

627 » 推广策略

我们的品牌极具个性、高品质、也很华丽。我认为推广也应个性化。品牌代表了某个人或者背后的群体。

628 » 风格

我的风格通常兼顾了成熟与前卫。它具有双重性，既有结构感强、定制的风貌，又有温和、自然的的魅力。

629 » 销售

合体、精湛的工艺和面料以及非凡的设计。

630 » 时装是艺术吗?

我设计服装是为了穿着，而不是为了在博物馆展示。我认为一场完整的秀能够称为艺术，因为它传递了对于系列理念的顿悟。

631 » 灵感

没有什么比保守行事更危险的了。一切都已被挖掘甚至过度挖掘。HoD推崇创新而不是模仿，因此我们关注于过程，即为创新做好准备的领域。Instant Couture™和Style Battling™ 只是我们完全的创新设计过程的两个案例，这一过程已经改变了人们思考、制作以及体验时装的方式。

632 » 传统制造VS试验

决定你是想要成为一名创新者还是一个同质化者。现在比以往更甚，对于一个年轻设计师来说，被已经存在的事物同化将毫无收获。一切都已被挖掘过。事实上，我看到时尚圈已经进入了它自己的“石油危机”。随着每年两次的12个时装周中40个时装秀上30种风貌的产生，每年总共有将近30,000种风貌产生。每一个标准主题的每种组合都是希腊式-朋克式-多铎式-学院式-波西米亚式-摩登式，已经永无止境地周而复始。

633 » 个性VS共性

我们认为他们是相互关联的。House of Diehl利用时装作为更大的社交目的的媒介：个人身份、跨文化交流和团体。我们努力参与其中，启发个人，同时放大他/她所在群体的声音，

© John Gettings

这就是蝴蝶效应。我们一如既往的使命是创造不但代表某个群体的时装，同时创造一个群体。我们鼓励你在一个独特的群体中凸显你的个性。

© John Gettings

634 » 品牌价值

改头换面的个性化复兴。名利的超越。时尚的幻想。艺术的完整性。原创的力量。壮观的刺激。全世界范围内需求得以被重视、被看见、被热爱的满足感。我们都想要这一切，HoD实现这一切。

635 » 传播

信息传播便是一切。你不仅需要完全掌控你的信息，你还必须能够以听众的语言进行沟通。如果你的服装能够说话，它们会含糊不清地说话么？或者它们会站起来引人注目地向世界大声疾呼么？

© Mimi Cabell

636 » 建议

在梦想的世界中，你有六个月的时间将一批美丽的丝绸改造为另一件小巧可爱的黑色礼服。在真实的世界中，你的工期、资源以及预算比穿着“速比涛”（泳衣品牌，译注）泳衣的史瑞克还要紧。确保资源丰富，确保目的明确。乐意并能够在任何时候做任何能推进你工作的事情。并且，最重要的是关心……关心环境、关怀客户、关心某处饥饿的孩子们，但是让你的工作成为对社会的“贡献”，同时社会也会对你做出贡献。

© John Gettings

637 » 工作场所

我们的工作场所位于纽约市中心，前身是一个脱衣舞俱乐部，现在整层的阁楼都是我们工作以及与女儿一起生活的地方。我们住在玛利亚·凯莉的隔壁。这里一半是家，一半是陈列室，一半是工作室。这里有一个粉红色的按摩浴缸（是以前的房客怀

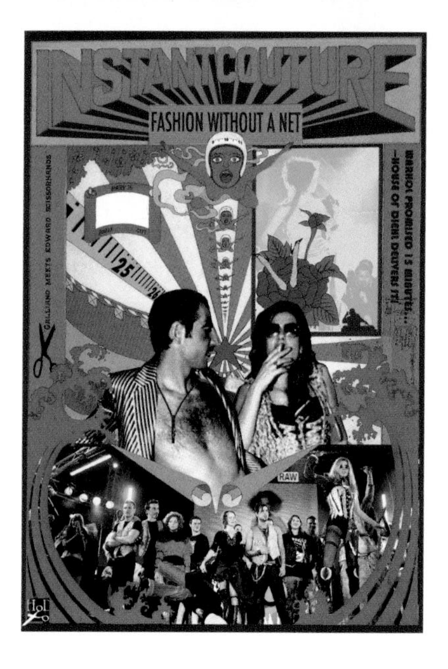

克里夫·基恩安装的），一个梅·韦斯特嘴唇沙发以及一个画在墙上的巨大香蕉。人体模型是由亨利·本德尔捐赠的展示用人体模型，但是它们只是让我们脑海中的真正设计具体化。

638 » 街头时尚VS时装设计师

能产生影响的服装来自于街头的流行趋势。一个好的设计师——一个真正能影响流行趋势的设计师，一半是预言者，一半是社会分析师。他或她能够清楚地意识到社会所发生的一切——不只是今天，甚至是过去20、30、40、100年中。这是因为所有的时尚都是对过去的流行的更新，重新演绎以适应现代社会，时装设计是一种拼贴艺术。为了使系列能被公众所接收，能与公众对话，必须能够预测公众未来的感受。

639 » 好习惯

做调研。要求提前付款或者货到付款。为以后减少很多令人头疼的事。

640 » 材料

我们运用最多的技术，是将在二手店或者旧货店买来的服装进行拆解，重新创造，重新使用其中精彩的细节和精美的面料，创造出全新并且独一无二的定制服装，没有生态足迹（这比购买平纹面料和独特理念要便宜得多）。

© John Gettings

641 » 灵感

我的系列总是围绕着“底限”进行。

642 » 材料

我选择的面料必须能够表达我的的感受。我从法国、意大利、英国、中国和日本购买面料。我从不说“从不”，因为材料和面料的组合随着时间改变。

643 » 品牌价值

Monique Collignon承诺创造性、品质以及独一无二。

644 » 推广

我的品牌年轻、迷人、女性化、高端而且有点大胆。

645 » 传统制造 VS 试验

试验并熟练掌握传统知识将把你带到更高的水平。在我看来，如果你保守且从不试验，那么你只能制作服装。

646 » 进步

每一季都是对上一季的超越。

647 » 风格

我总是坚持创造最女性化、具有可穿性而且注重细节的服装，但我会改变材料。

648 » **建议**

做你自己。

649 » **好习惯**

专注，坚持不懈，追求完美，要有大局意识，学会沟通。

650 » **销售**

销售=可穿性+价格。

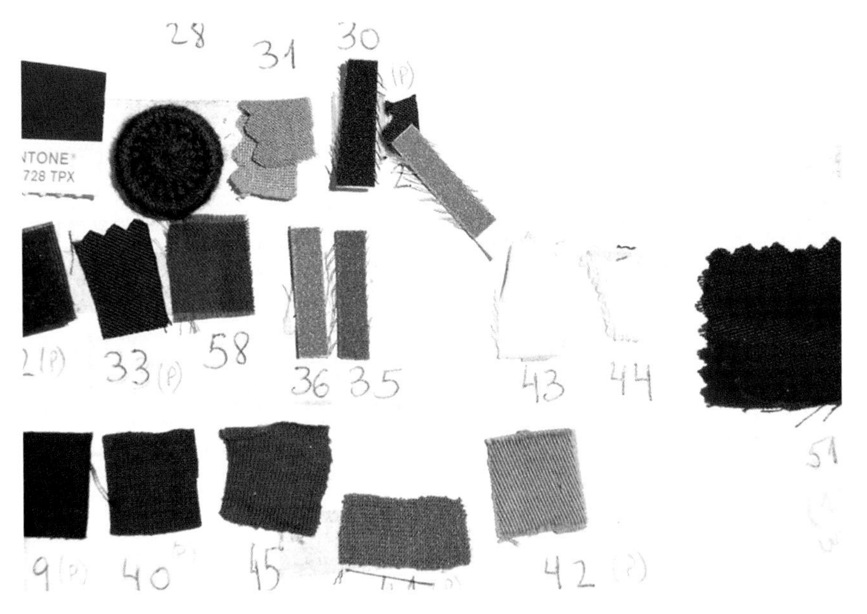

651 » 灵感

当我开始设计一个系列、筹备它并呈现某种形式时，我的头脑中会想到很多东西。主题、感受、时期和风格混合在一起。从这个综合体中出现的是之后体现在服装上的设计。

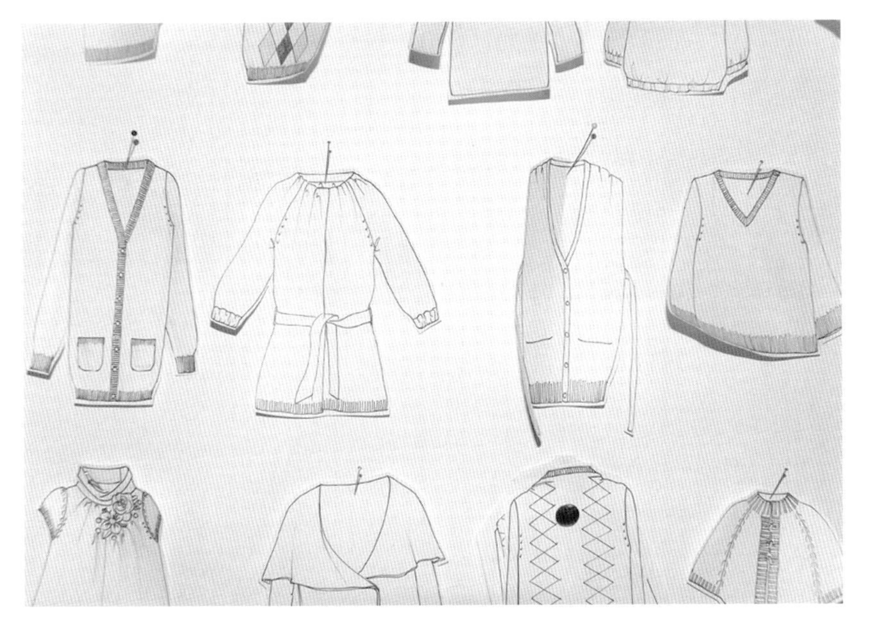

652 » 开发一个系列

筹备一个系列背后的创意以及整体概念在寻找模特廓型的过程中初次实体化。之后是对面料、材质以及色彩进行试验的辛苦阶段。这些都是设计师为了将理念变为现实所必须使用的工具。

653 » 材料

我根据面料的品质、肌理和所传递的感觉选择面料。当设计一件服装时，我会在阿根廷或者世界任何地方寻找合适的面料。我喜欢改变，我相信所有的面料本身都是足够好的。选择或者放弃一块面料根据我想要实现的风格以及当前的趋势。

654 » 传统制造 VS 试验

我更喜欢进行试验。我喜欢尝试、把玩面料和纹理以及实现意想不到的效果。我不相信设计标志性的款式。时尚是一种持续的改变、运动以及自由。我喜欢每一季都带来新的风格。

655 » 个性 VS 共性

Chocolate品牌的服装并不试图让人们觉得与众不同，或者成为某个群体的一员。我们的服装设计的目的是为了人们发现自己的风格、更多地做自己。我们希望他们穿着舒适，强化自己的个性。

656 » 推广

我不知道你是否能在严格意义上谈论“信息”。时装传递一种感觉。Chocolate品牌纯粹、简洁且多样化。它既是永恒的又不断变化。这既表现在面料的选择与色彩的范围，也表现在图形、展示以及包装上。品牌的风格体现在构成品牌的所有事物当中。

657 » 风格

我认为品牌的风格总是一致的。改变的是趋势。就我们的特殊情况而言，我们尝试创新，每年都推出不同的系列。

658 » 销售

重要的是你的产品优质，不管是外观还是内在品质。好的材料与成品是基本条件。物有所值是产品系列推向市场后获得良好效果的最终成因。

659 » 好习惯

每一位设计师都有他们自己的工作方式以及处理和适应国内外趋势的方式。对你所做的事业锲而不舍以及总是保持热情是至关重要的。这种神圣的热情是让一切得以运转的引擎。保持初心在每一季必不可少。

660 » 时装是艺术吗?

毫无疑问，时装是艺术。而着装是一种表达方式。它体现了文化、思想以及心理状态。和其他艺术学科一样，时装涉及色彩、肌理、体积与造型。它确实不可避免地与市场相关联，但是现在所有的艺术都是如此的。认为艺术形式是远离现实市场的想法是天真的。

661 » 灵感

我首先思考我将要处理皮革的方式。然后我开始到处寻找，并把我的想法写在一个大白板上整体来看。我选择将要遵循的方式，并虚构之设计的女性的故事。我想象她穿着这个新系列的样貌，想象她去哪里，去哪里吃东西，买什么东西和她的需求。

662 » 材料

我总是在同一家皮革厂购买皮革。使用这种材料已有25年之久，我明白它的整个制作过程。我自己去皮革厂并开始处理它们，从色彩到细节让它们变得独特。

663 » 色彩

巴西是一个充满热情的国家，所以色彩在这里十分重要。我到处寻找色彩，比如从一只鸟的身上或者一棵树上。我喜欢强烈的颜色，比如红色、粉色和蓝色，但是我也喜欢皮革的颜色，比如棕色、酱色以及肉色。

664 » 你的左膀右臂？

每个人都是重要的，他们以自己的方式帮助我。对于我的品牌来说，工厂与风格一样重要。我们手工制作服装，有的服装我需要花费一整天的时间来制作。

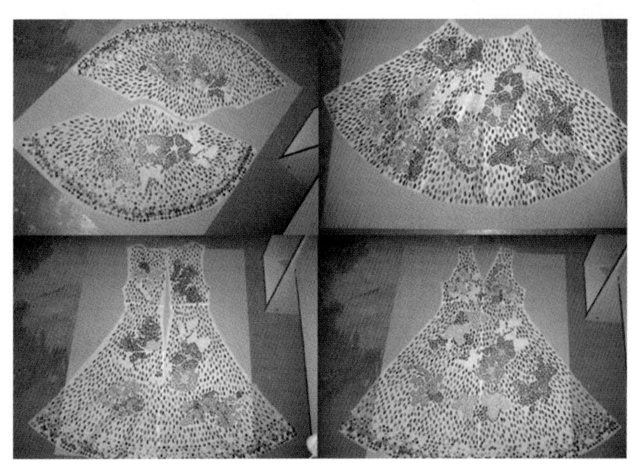

© Marcio Madeira

© Marcio Madeira

665 » 风格

我总是寻找处理皮革的新技术，这样皮革能够彻底清理并看起来效果最佳（更软、更薄），我总是保留客户根据季节性而需要的服装款式，比如一条好的铅笔裙。

666 » 进步

我们必须乐于接受循环利用、旅行和调研，并了解世界正在发生什么。

667 » 时装是艺术吗？

我想是的。因为我不追随时尚，我首先研究处理皮革的新方法然后关注时尚，但是我真正热爱的是用不同的事物挑战自己，我能通过皮革获得这样的挑战。每个人的风格和品味是非常独特且个性化的。对我来说，时装是个性的。你能用时装表达真正的你，你能在某天成为一名摇滚明星，在另一天成为嬉皮士。一切由你做主！

668 » 好习惯

团队合作以及共同开展的活动。

669 » 销售

一直关注你的客户。你应当在他们注意之前先知道他们想要什么。对我工作最好的赞美是当有人将它理解为艺术的时候。

670 » 推广策略

零售是非常重要的。为了了解他们的需求我密切关注我的客户，我会花很多时间在店里，了解当下的进展情况。

671 » 灵感

当我设计时，我思考可能穿着它的不同的人，他们拥有自己风格，喜欢休闲但同时精致优雅。即便是设计最简单的服装，我都确保它的与众不同，恰如其分地选择材料搭配，以达到穿着装想要获得的效果。我喜欢我的服装独一无二，每次做设计时我都铭记于心。

672 » 开发一个系列

我利用直觉。我在不同的时刻设计许多不同的产品。最后，我将我最满意的服装一起融入到一个系列中。它们彼此互相演绎，如果某个款式让我很满意，它会激励我创造下一个，依次循环往复。最后，我认为我是这样定义一个系列的概念：款式之间彼此关联地相互演绎，发展，息息相关。

673 » 材料

我选择面料，因为我喜欢它们。同时我还会根据它们的品质和创新性进行选择。我从世界各地购买面料。我总是喜欢用面料进行试验。至于面料类型，我从不说“绝不”。我认为任何事物都可能用于一个系列的设计，只需要将它放到合适的情境中。

674 » 传统制造 VS 试验

我综合传统剪裁与试验工艺。我认为每个产品都需要有代表性。

675 » 个性 VS 共性

两者都是。每个款式都是一件产品。一些可能比其他的更特别，但最终，其目的是让所有的服装具有可穿性，并且在某种程度上都是系列中的一部分。这是创意过程中最艰难的。

676 » 推广

当然推广是重要的，但是我没有参与其中。与我一起工作的人员帮我处理推广事宜。当今社会，推广十分重要，因为它以某种方式树立了品牌形象。曝光度越高，越多的人想要拥有你。很遗憾，这就是事实。因此，作为一名生意人，推广至关重要。

677 » 进步

我从不满足于结果，事实上，我努力让下一季变得更好。

678 » 街头时尚 VS 时装设计师

在某种程度上两者都是。设计师试图塑造街头精神，但街头时尚也会影响设计师。

679 » 好习惯

创造力与灵活性的结合。

680 » 销售

我希望人们穿着我的服装，当然这在销售中反映出来，但这并不一定会影响创造力，它的功能更多的是反馈。

681 » 灵感

我总是带着创意或者主题开始系列设计，不管是我曾经去过的地方还是我梦想的目的地，或者有时是关于一个女孩以及她要去的地方。让我们面对这个事实：时装是关于梦想与幻想，再添加一剂现实元素。

682 » 工作场所

我的工作场所划分成不同的区域。我有一个区域专门放置所有的旧档案以及供应商信息。每个供应商有他们自己的盒子，装满了我们经常参考的前季和本季的颜色和色卡。在主设计室内，桌子上立着情绪板，这样可以经常提醒我们主题和颜色。

683 » 传统制造 VS 试验

我喜欢试验！有时它可能完全错误，但有时它可能很成功，这就是美妙所在。如果不打破界限进行试验，看到的将是雷同的事物，这将多么乏味。

684 » 个性 VS 共性

我相信我的客户是引领者多于追随者。她喜欢冒险，并且她足够自信成为房间里唯一穿着我的设计的人。

事实上，她差不多更喜欢这种方式。当然，当她看到其他人也拥有我设计的包包时，他们立即心有灵犀并成为朋友。我喜欢这种时刻。

685 » 推广

营销与推广对于让我的品牌鹤立鸡群至关重要。向公众传达的一切我都要进行监督：从拍照到新闻稿。我们公司有一名平面设计师，我们一起合作，实现我的理念。我还有一名很棒的时装摄影师，米凯拉 · 罗萨托，我所有的广告活动都由他负责。

686 » 色彩

我总是寻找诱人的色彩以及唤起一种情绪或者感觉的色彩。有时发现一种能让你想起食物或饮料的色彩是好事！比如，白兰地橘色就如白兰地一样，对我来说是非常成功的色彩！

687 » 进步

俗话说，最后一个系列你是最优秀的。因此在每一季的最后，循环再次开始。有时我觉得自己就像是转盘中的老鼠，但我仍然享受奔跑。

688 » 街头时尚 VS 时尚设计师

这是先有鸡还是先有蛋的问题。有时它在于设计师，有时它来自于街头。我觉得更多的情况下，设计师们关注街上人们的穿着打扮。

689 » 建议

总是追随你的本能，但是要意识到，归根结底，这是一门生意。因此，沉迷于你的创作，但不以失去一切为代价。自律、守时、好奇、同情以及谦逊。哦，还需要优秀的会计！

690 » 销售

设计师生活在象牙塔中。我们必须忠于自己，但也要倾听和虚心对待各种意见。知道行业的其他领域正在发生什么，睁大眼睛，倾听一切。总有一条属于你的路。

691 » 灵感

主题很重要，它必须是在某个时刻引起我的注意的东西。在系列中，总是有概念的部分以及来自感觉和直觉的部分。

692 » 工作场所

我的工作场所有点混乱，墙上有很多纸样、我们的旧产品册以及新灵感，它总是随着时间的改变而变化。我们的模特看上去有如天使般且纯洁的特别姿态和表情（但也不过于特别）。

693 » 材料

对我来说，面料应当是简单、随意且穿着舒适，或者它必须真的非常特殊或经过专门的处理。好的品质很重要。我喜欢不同面料的结合使用，这也是我设计内容的一部分。作为年轻人或者独立设计师，你必须降低要求，并寻找替代物，因为你不能从供应商那购买大量的面料，但这个过程也可能成为你工作的优势。

694 » 传统制造 VS 试验

两者都很好。我在结构上更加传统，比如，我偏向没有复杂装饰的干净的线条。更多的是在面料、色彩以及印花方面进行试验。

© Biel Sol/Copyright 080 Barcelona Fashion ©

695 » 色彩

色彩取决于概念或者来自于我的直觉。色彩很重要，当然这就是为什么这么多设计师喜欢黑色的原因，因为黑色缓和且有层次，它是中性的，但又有强大的形象。更多的集中在面料、图案以及穿着者身上。

696 » 个性VS共性

我不排除它们中的任何一个。有本名叫《精密度》的书。书中有很多不同的少数派和社会群体的图片，比如庞克一族、Skin一族、哥特一族，他们看起来都很相似，因为他们使用相同的社会礼仪和着装规范。如果你问他们，他们可能会说他们喜欢看起来与众不同，但实际上他们看起来与这些少数派群体的其他人一样。我认为对于个体来说，归属于某个群体非常重要，这个群体通过一种特别的风格展现自己。没有人可以成为社会完全的局外人。

697 » 时装是艺术吗？

这个问题值得商榷。时装是可穿着的服装，因此可能常识认为它不是艺术，但是我使用的方法与背景可以与艺术家的相提并论。我屡次受邀参加各种项目，如在卡尔斯鲁厄当代艺术博物馆

© Buck Ellison

© Buck Ellison

© Jan Lehner

展示我们品牌的作品。2009/2010年秋冬系列是与艺术家海因茨·皮特·肯斯合作完成的。在过去的几年中，这个领域的界限变得模糊。但是时装设计与艺术市场之间仍有严格的界限。

© Biel Sol/Copyright 080 Barcelona Fashion

698 » 街头时尚 VS 时装设计师

50年前，最大的时尚趋势来自于高级定制时装公司。现在它们也来自于街头、明星、设计师以及时尚杂志和对这一切进行筛选的博客，这是相互影响的。一些品牌和设计师非常有影响力，因此他们的时尚理念确立了趋势并影响大众的穿着。

699 » 建议

只要你仍然在学习，就去尝试。

700 » 销售

很难提前说什么是好卖的，什么是不好卖的。畅销商品通常是越简单的东西，但有时也是最具试验性的款式。对于销售，我总是试图涵盖一些简单且低廉的款式，因为这些款式是一个品牌支柱。

© Jan Lehner

701 » 灵感

对我来说，灵感通常开始于面料和色彩，在此基础上进行拓展。

702 » 参考素材

一切事物。实际上可能是音乐、艺术、孩子等任何事物。

703 » 材料

在每一季开始之前，为了保持我的"独特性"，我通常去一个新地方开始一场灵感之旅。我喜欢使用传统、手工制作的面料以及世界各地的工艺。

704 » 色彩

从我想要表达的情绪和感觉中建立自己的色调板。

705 » 传统制造 VS 试验

我有些款式不止使用一季，比如我用不同面料制作历经了四季的可两面穿的波蕾若外套。

706 » 建议

在你被复制之前，你没有真正成功。

707 » 你的左膀右臂？

我所有的员工都是我的左膀右臂，我每天都与我的采购和生产经理本特以及制板师女孩多美古坐在一起，讨论系列中的一切事物。

708 » 个性VS共性

我根据自己的创意亲自设计，我不想我的设计看起来跟其他人的一样，这就是我选用所有独特面料以及工艺的原因。但是当然，我的一些客户可能会购买我的设计以显示某种归属感。

709 » 品牌价值

个性化、新思维、高品质。

710 » 时装是艺术吗？

我创造艺术，特别是因为我的图案和广告背景都是自己画的。每一季我都尝试使用来自世界各地新的且特别的面料。

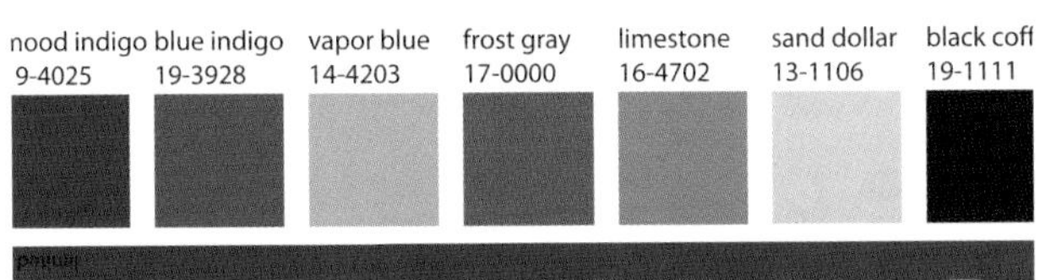

ss08_first cover of 'altfordamerne': bolero,dress + leggings

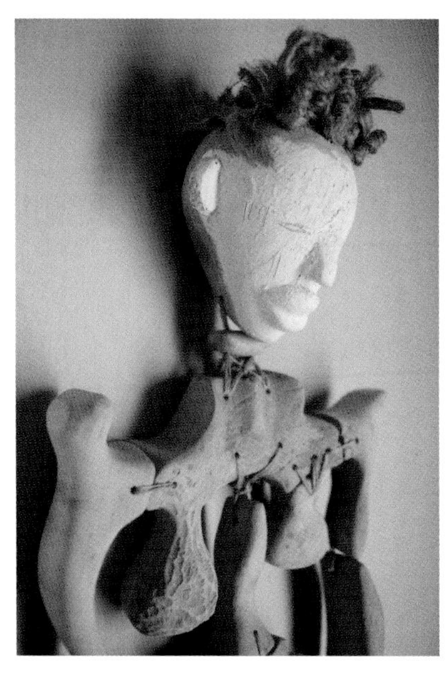

711 » 灵感

当我开始一个新的系列，我尝试发现一个我从未去过的“地方”。一开始这可能是令人不安的；不过，这种专注于发掘新大陆的感觉增强了想象力。虽然我的系列通常围绕主题建立，但有时允许自己被直觉和突然的灵感所引导。

712 » 工作场所

安静的罗马尼亚特瓦希尼亚小镇远离大城市的喧嚣。这里的生活节奏幸福平静、超然。我的工作室有巧克力赭色的墙和木制的长椅，在我巨大的办公桌

上有许多旧画框、油画、白瓷、皮草以及忙乱地整理的物品。

713 » 材料

系列的主题决定了对面料的选择，不管是具有人造和光电效果的“破裂的微笑和沉默的呼喊”系列（2007）中的金属或者荧光色，还是“事物”（2008）系列全黑的外观中使用的羊绒、花呢以及锦纶。平纹、薄棉被重新使用。我总是给它涂上一层涂料，使其呈现出干燥的树叶所具有的清爽感以及纸张所具有的透气和体积感。

714 » 你的左膀右臂?

在不涉及创意的事务中你不用所有的事情都亲力亲为，这将容易很多。我是幸运的，因为我有完全可以信任的营销团队。我有很大的自由，但仍然需要考虑他们的意见并尊重我们建立的规则。

715 » 传统制造VS试验

历史上有着美妙绝伦的服装、手工艺师以及各种工艺，永远是灵感的最大源泉。你用自己的激情创造它，使其具有独特的现代感。

716 » 品牌价值

Rozalb de Mura是我们创造的虚拟角色的名字，它神秘、古老、慷慨、空间与时间热情的穿梭者，对艺

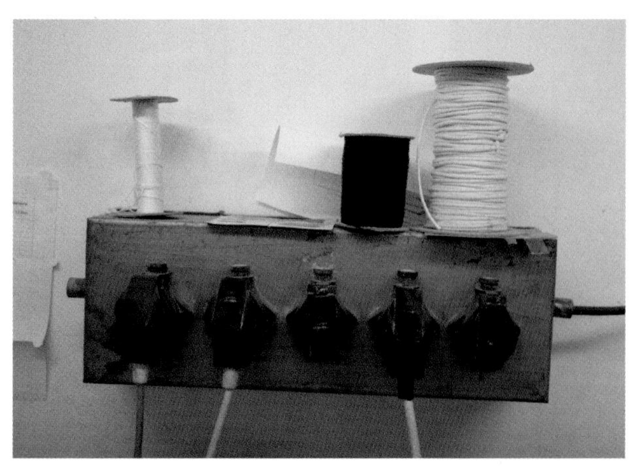

术、音乐、自然和科学充满热情。公众期待每一季的延续。

717 » 风格

我的选择兼收并蓄。例如，我喜欢极简主义，同时矛盾的是，我也喜欢艳丽的繁复以及20世纪80年代的愚蠢。结果可能被描述为创意、显然是经典剪裁以及出其不意的细节之间的完美平衡。我希望我的风格保持现代的风格，同时依稀点缀一些怪诞的元素。

718 » 时装是艺术吗?

在21世纪，时尚、艺术以及设计间的界限变得模糊不清，更加引人入胜。Rozalb de Mura是时装和艺术碰撞的地方。在最新的项目中，我们委托英国声音艺术家米卡尔·卡利亚斯来创作我们在“理想柏林”以及伦敦OnlOff时装秀的音乐，并且他也委托我们制作他的表演服以及他Morphica专辑的特殊绘画。

719 » 销售

我主要关心的是讲述一个故事，传达一种理念，但我也意识到现实的一面，比如学习反馈、搭配良好的产品组合、确立合适的价格。在罗马尼亚，在这个领域中发展业务没有很多支持的因素，因此对于一个年轻的品牌来说建立国际形象很难。但是在正确的时刻、正确的地方（展厅、T台秀）对于成功有很大帮助。

720 » 你的左膀右臂?

人们穿着我们的服装激情洋溢地加入到Rozalb de Mura的故事中来。就像一个小小的社会，我们试图凝聚在一起。当然，能与Patrik Wolf, Brazilian Girls，Róisín Murphy, Loredana，AndiVasluianu或者Anamaria Marinca这些有名的音乐家和表演家合作是这个工作巨大的回报。

• boned under bodice
• sheer top layer

721 » 灵感

当我回顾什么影响了我的系列时，很容易看到灵感是如何变为潜意识的。我经常发现一些似乎无关紧要的事物能够触发一个系列的“起点”。我的概念经常通过色彩或结构与自然相关联。当我在城外新的自然环境中时，我常常会受到启发。

722 » 开发一个系列

通过释放创意的能量自然而然地产生概念，否则会很僵硬。对你的主题进行调研，并获得关于概念的新知识以开阔你的创意和创作冲动是非常重要的。在选择关键的元素进而形成关键的细节和廓型之前，我经常会进行头脑风暴，想出许多不同的方式表达创意。

723 » 材料

面料对于服装的悬垂效果以及穿着方式非常关键。这是我们工作中最重要的一个元素，也常常是灵感的重要起点。我偏爱天然面料，很少使用合成材料。我一般坚持使用意大利和英国的面料制作外套，还有羊毛织物和开司米。夏季，到西班牙寻找棉布和亚麻。我认为在当地任何可能的地方采购面料非常重要。

724 » 传统制造VS试验

打破界限总是好的。开发产品永无止境，试验只会推动任何产品的自然进程。裁剪工艺总是我的参考点，因此在我的剪裁与结构设计中有很多传统的东西。

725 » 品牌价值

当客户购买Evie Belle的服装时，他们获得一种保证：这是一项在品质和风格上的投资。品牌不会在品质上打折扣，而且客户欣赏这一点。我们特别关注设计细节、面料以及每件服装的制作。

726 » 风格

我们是一个正在成长的价格可接受的英国奢侈品牌，承诺永恒，绝对不会是“昙花一现”。我们已经建立起忠实的客户群，随着客户对我们品牌兴趣的与日俱增，我们将扩大规模，涵盖更多的时尚领域以及奢侈品市场。

727 » 进步

生活的全方位发展并且对每个方向进行定期评估，这是一种健康的方式。我认为在早期确立自己的风格，而后在作为一名设计师的成长过程中对某些方面进行提升是重要的。每个设计师都在不断学习，因此在某些方面有所进步。

728 » 街头时尚VS时装设计师

时尚和趋势是两个不同的实体。街头趋势可以来自于音乐和其他艺术形式的不同亚文化。T台趋势也能演变为高街趋势，很有可能这就是短

语“It's in fashion”现在更多的是很流行的意思。正如任何一个优秀的设计师所明白，设计源于内在而不是追随流行趋势，并且只有通过分析，设计师系列中的趋势才能被剖析。

729 » 销售

对于许多创意产业来说，销售可能都很艰难。一个企业要获得成功，一个品牌要青春永驻，关键是要有商业意识和客户定位。你不得不专注于创造新的有趣的系列。但是你应该记住那些备受心满意足的回头客青睐的服装款式，他们就钟爱这个特别的产品。没有必要为了改变而改变。

730 » 好习惯

保持专注于你的理念。将灵感与感觉相结合，来创造有趣、但在商业上仍然可行的系列。总是保持领先、有超前思维，并且引领而不追随。对所有的灵感源保持开放的思维，利用你喜欢的事物推动你的热情。花时间做以下的事情：速写、画画、拍照、散步、旅行、聚会、聊天、大笑以及创造。

731 » 灵感

我的工作非常系统。我的主题从开始到展示的前一天一直在不断发展。我确实不知道自己在想什么，直到我设计出所有的衣服款式。

732 » 工作场所

我与4个朋友共同使用位于布鲁克林威廉斯堡的阁楼，他们是Covet的Tara，Dirty Librarian Chains的Susan，Bodkin的Eviana以及摄影师Jacqueline Di Milia。与这些优秀的女士分享一个空间非常棒，因为我们会交流创意。在办公室，我将自己置身于灵感图像、书籍、旅行中带回来的小饰品以及必要的设计工具中。

733 » 色彩

我通常在系列中使用黑色，同样也会使用彩色。即便是亮色，我也希望他们有深色的感觉。

734 » 传统制造 VS 试验

我喜欢重新改造传统服饰，如利用19世纪的男装、法兰绒衬衫以及20世纪80年代背带裤的各种细节，将他们进行组合创造出一些新的东西。为了鼓舞人心的想法，我阅读历史书，查看旧的期刊，从被人遗忘的时期和地方获得富有启发性的创意。但是我也思考人们现在从早到晚、忽冷忽热天气下的日常生活中想要穿什么。我专门为Urban Outfitters设计的产品线“流氓”是一个

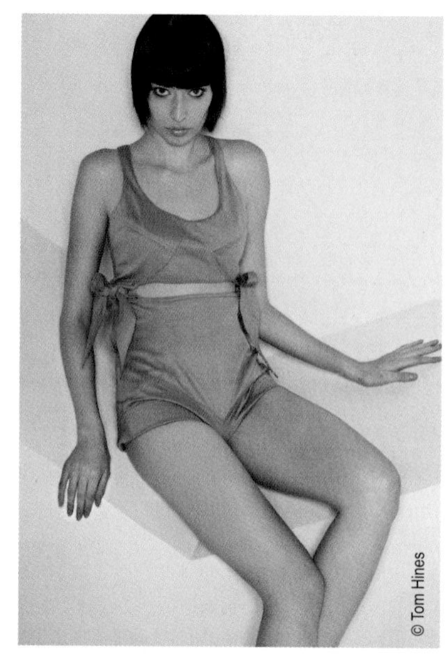

典型的Samantha Pleet款式系列；每个款式都是全新的，真正体现了我最理想的状态，同时具有可穿性，而且性感。

735 » 材料

我喜欢天然、古老、可再生的有机面料。我选用它们是因为它们高质量，同时具有可持续性。我所有的东西都在纽约生产。对我来说支持当地经济是非常重要的。

736 » 个性 VS 共性

我为个体设计。人们可以以许多不多的方式穿着我的服装。在我们的社会中，来自不同的地方、不同的人以及不同时代的影响因素如此之多。似乎人们每天都会改变他们的风格，而我希望我的服装足够经典，可以搭配这些风格。

737 » 风格

我的风格充满惊奇和好奇心。我试图在每个系列中表达这些。有时我会为了新一季重塑自己，但是潜在的影响仍然存在。我从不同的角度一遍遍地观看自己喜爱的电影，然后如果我发现了一些新的、令人兴奋的东西，我会将它用到下一季，我喜欢加法多于减法。

738 » 建议

不要尝试制作太多的东西。更重

要的是关注细节并且完美地做一些事情。追求质量而不是数量。

739 » 销售

关键的是创造不是随处可见但却是人们追寻的廓型。希望他们在看到服装时，会惊喜地尖叫并购买。让服装畅销是最大的挑战。你必须专注于每个设计、口袋以及钮扣上的细节，并进行调整，使它们尽善尽美。

740 » 认可

我一直被称为女巫替补、蝴蝶农夫以及连衫裤女王。

741 » 灵感

我们的主题总是围绕面料本身。事实上，我和迈克尔都喜爱过去的服装、过去的那种表面处理方式以及细节。我们的感觉总是相同的，即一种想让女孩变漂亮妩媚且纯真的愿望。我们想象着曾经为之打扮的女孩——但是却采用新的面料、新的色彩、新的体量，出其不意却风格鲜明，很容易识别出来。

742 » 开发一个系列

我们习惯于从一开始就使用同一个模特。她有Audrey Hepburn的纯真与脆弱，在她的外表有非常特别的东西。她极为出色地呈现了我们所要表达的东西。

743 » 工作场所

我们在一个巨大的空间工作，这以前是一个印刷厂，位于布鲁塞尔中心不远的地方，让人非常愉悦。

744 » 材料

每一季我都会去巴黎的“第一视觉”面料展会。在这个展会上，来自世界各地的面料制造商都会展示他们新的系列。当然，从品牌成立之初，我们就与一些面料制造商合作，但是发现新的面料总是有趣的。

745 » 传统制造 VS 试验

两者都非常重要，传统与试验的结合非常有趣。对于后整理（制作方面）我们喜欢使用传统和过去的知识，但是对于面料，我们实际上喜欢用新的技术成果。

746 » 个性 VS 共性

我们不希望将服装效果做成一种伪装，想要以一种诚实的方式表达我们的感受。为那些以含蓄的方式追求幻想的优秀女孩而创作。

747 » 推广

是的，当然。你能制作世界上最精美的系列，但是如果没有人看到它，那就没有必要制作它了。我们在巴黎和布鲁塞尔各有一

© Emmanuel Laurent

© Emmanuel Laurent

© Emmanuel Laurent

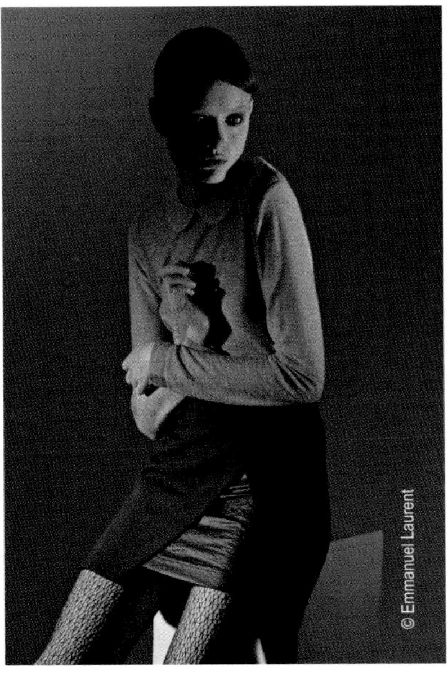

© Emmanuel Laurent

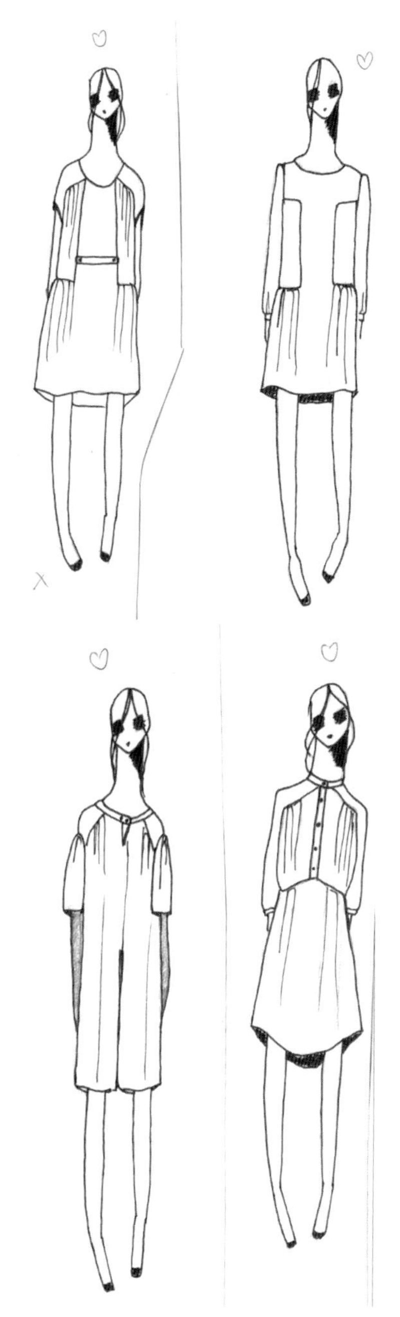

间新闻发布办公室，负责我们的推广。在纽约也有一个商业和媒体代理人。

748 » 时装是艺术吗？

完全不是！我们制作服装，它们是独创的且不同于批量生产的服装。

749 » 好习惯

对一切保持好奇心。

750 » 认可

风格鲜明、统一、精致。既创新又具有可穿性。

751 » 灵感

我们从寻找主题或者可以切入的对象开始着手创造系列。然后开始绘制手稿和画稿创作，画画其实是这个过程中很耗时的一个内容，然后将画稿整合起来，形成重复图案，用于丝巾和服装的定位花设计。

752 » 开发一个系列

系列的概念并没有必要转化到你设计的所有事物当中，试图这样做是不现实的。每个系列都会有一个整体的氛围或者主题和细节贯穿其中。但是很多时候某些特别的服装只是你长久以来所酝酿的一些创意，或者仅仅是你喜欢的一个造型。

753 » 材料

我们选择面料的原因不一而同。通常在参观面料博览会或者参观工厂后直接选择面料。在选择面料时脑海里已经有了图案的效果，这些面料必须容易上色，而且适合数码印花。我们喜欢使用奢华的面料，特别是丝绸，它们有很好的动感，且穿起来优美至极。

754 » 个性 VS 共性

个性。

755 » 传统制造 VS 试验

传统与试验之间的平衡是最令人兴奋的，无论是通过新的方式使用传统工艺或者用新的纱线、色彩或者后整理对经典的东西进行再造。

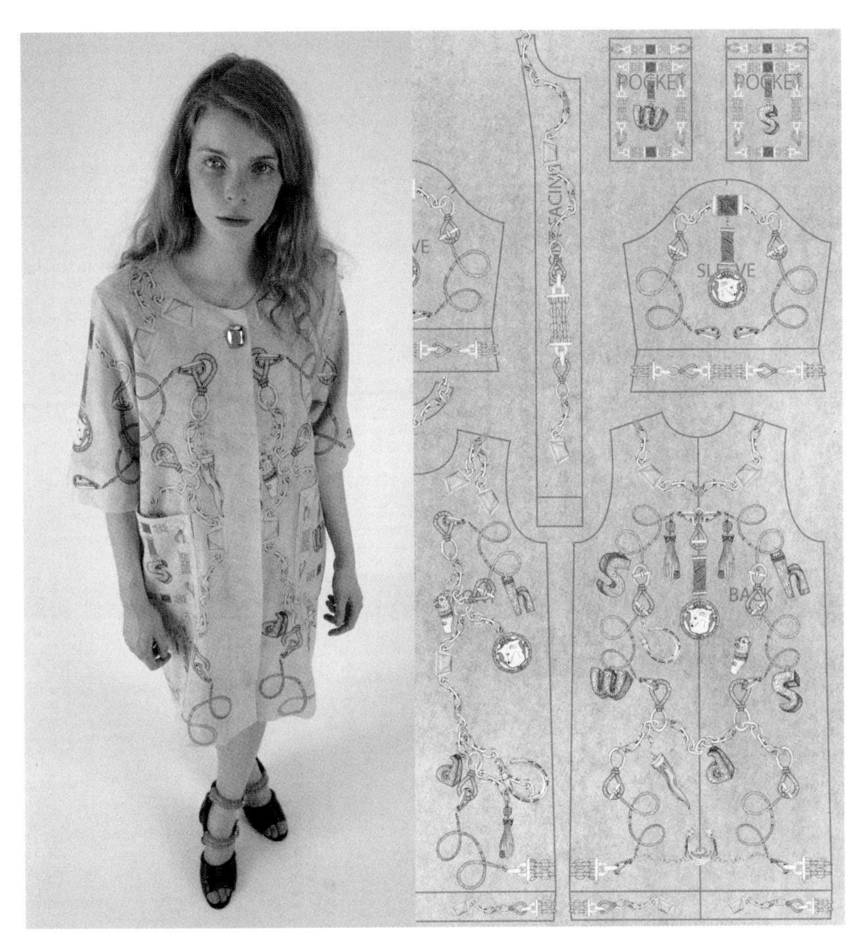

756 » 推广

思考如何在产品画册或者照片中展示你的创意绝对很重要。这也是设计过程中一个非常令人兴奋的部分，必定亲力亲为。

757 » 进步

绝对的。这是时装设计的乐趣和刺激的一部分，因为你经常有机会展示你的创意。

758 » 时装是艺术吗?

不是，时装不是艺术。时装是用于穿着的。

759 » 建议

没有一本优秀供应商的通讯簿，创造一个系列是不可能的。

760 » 认可

拥有、喜爱并穿着我们设计的服装的人给我们提供反馈。

761 » 灵感

当我设计一个新的系列时，我想到的是一位优雅的女性，她感性而笃定，有自己的风格。我想到的具有代表性的女性是Audrey Hepburn，Jackie Kennedy和Grace Kelly。现在，Gisele Bündchen和Natalie Portman与我为之设计的女性类型非常一致。建筑对我来说也是一个非常重要的灵感源。我是Oscar Niemeyer的铁杆粉丝。

762 » 材料

我选择一种面料，首先是因为它的外观，然后是因为它的手感和品质。我买了很多意大利面料。我不会说永远不会使用某种特定的面料。技术的发展是持续的，比如几年前我就会说我永远不使用涤纶，但是现在涤纶可以创造出非常精美和高品质的东西。

763 » 色彩

我在色彩方面追求两样东西。首先是色彩淡雅而亮丽的女性气质和幸福感。其次是对比：阳刚之气，采用深色、浅灰色等“无色彩”颜色。这种色彩的对立最终形成一种和谐。这就像阴和阳，你可以通过使用其对立面而获得平衡。

STOCKMAN

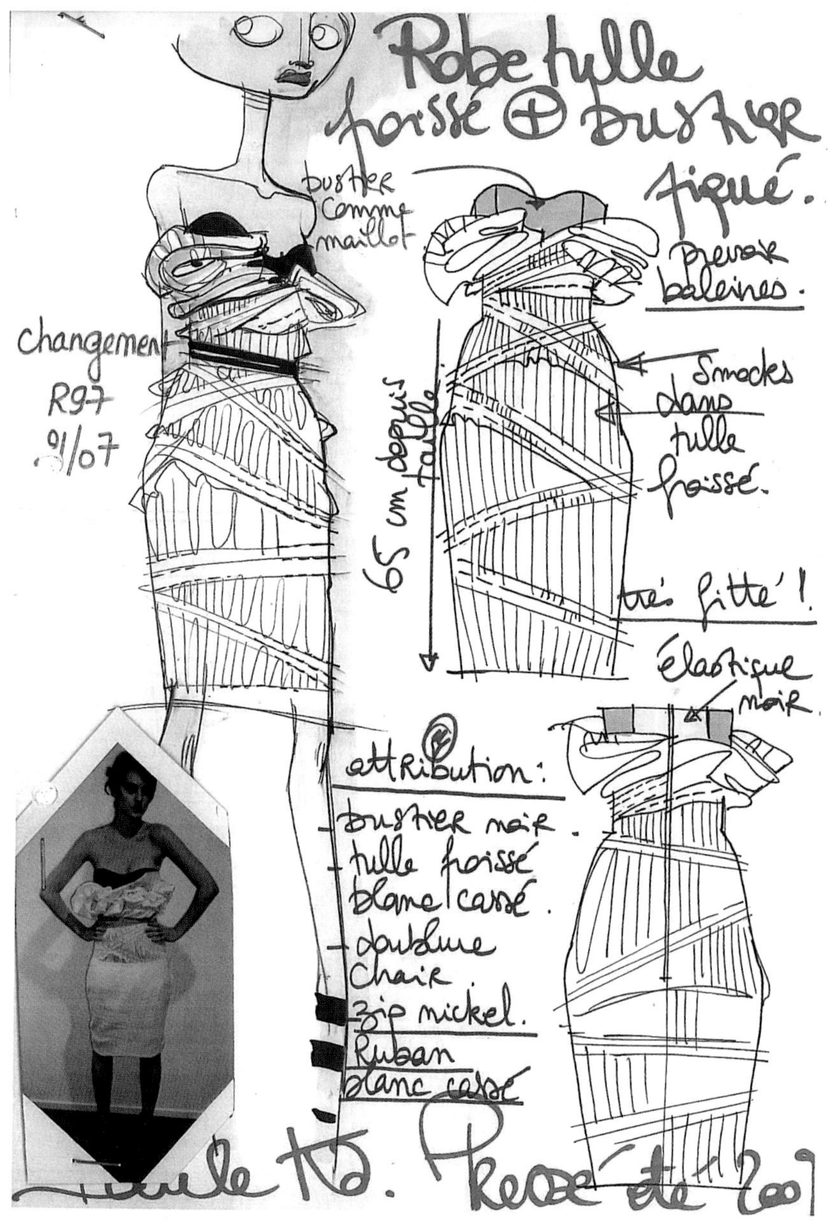

764 >> 传统制造VS试验

我认为传统与试验都很重要。你必须找到良好的平衡。这是我们这个品牌风格的一个关键。我觉得在一个系列中开发一个具有代表性的款式是件非常好的事情。事实上，也是树立品牌标识的一种方式，是一种识别标志。对我来说，我们Paule Ka品牌系列的代表性款式一直都是小黑裙。

765 >> 推广

我确信推广十分重要。你必须让人们知道你的专长！现在比以往任何时候都更甚，品牌形象非常关键。我有一个负责推广的团队。我们共同协作、齐头并进。

766 >> 进步

我应该说每一天都在进步！

767 >> 风格

每个系列中品牌的DNA保持不变，因此你会发现有的款式会重复出现，比如两种材料相拼连衣裙、双色连衣裙或者高腰服装款式。改变的是工艺、面料和创意。

768 >> 街头时尚VS时装设计师

我认为设计师与街头时尚之间有着真正的交流。设计师可以提出一些东西，然后街头时尚能够接受它并使它适应自己的风格和要求。一件服装的重新解读可以成为设计师灵感的新源泉。事实上，这就像是街头人们与设计师之间的对话。

769 >> 认可

对我来说最好的赞美就是拥护我们品牌风格的客户的忠诚度。

770 >> 建议

我想要分享的最好的经验是我们每天都能提升自我。你必须保持谦逊。骄傲是设计师最坏的敌人。

771 » 参考素材

在设计时，我思考我的艺术家和音乐家朋友们、街边供应咖啡的人、我的母亲、罪犯、慈善家……各类睿智人士、局外人以及领导人，这些都成为我塑造她和他的创意来源。

772 » 灵感

当我开始设计一个系列时，我让自己成为一个“海绵”，从尽可能多的地方吸取养分，充分挖掘自己的潜意识和集体潜意识。我将音乐、来自艺术和电影中的图像、写作以及让我感动的时刻融合起来，然后进行视觉和心理学上的“拼贴”。

773 » 开发一个系列

我利用从更宏观的创意中抽取出来的具有象征意义的图像来演绎每个系列的概念。例如2007年春季，将农村的元素、工装与生活在英国乡村的年轻女孩裙子的古典元素相结合，以展示这两种元素是如何的格格不入，但是当它们在视觉上结合时，却非常有趣。

774 » 材料

我寻找独特的现代面料。如图中所示，人造丝经高温褶皱处理并经过酸洗，使它们具有做旧的沧桑感。人造丝增加了服装的悬垂性。我不会使用有光泽的弹力纤维，因为它总是看起来很低劣。

775 » 传统制造 VS 试验

传统是一个可供挖掘的重要资源库，通过研究传统，可以避免自己停滞不前，有利于自我提高与进步。图中的裙子是一件宽松的Smock连身裙，是我的标志性款式。它质感轻透，将性感的元素融入到传统保守的服装款式中。

776 » 品牌价值

既然我创造品牌是为了表达自我，那么我想让其他人在穿着我的服装时感到自由没有负担，感觉像是创造了自己的世界，就如我创造系列时我创造了自己的世界。

777 » 推广策略

欣赏日常生活中神奇或者超现实的事物，这让你逃避到另一种现实以及拥有活在当下的自信。我的策略是影响人的潜在意识，即你的潜意识。

778 » 时装是艺术吗?

是的，我创造艺术。我相信生活就是艺术。

779 » 街头时尚 VS 时装设计师

时尚来源于街头、白日梦、历史、部落的象征符号、我们周围的世界。

780 » 好习惯

一个好的设计师应当总是观察、吸收、传递文化。他们应该努力规避蚕食自己的自负或自大的行为。

781 » 灵感

我将各种感觉转化到衣服中。我从历史中获取丰富的灵感。仅仅看着有几十年前的照片我都觉得非常引人入胜，它们能启发真正的创造力。

782 » 参考素材

对我来说，这与其说是一个关于思考的问题，不如说是一个关于感觉的问题。当我在设计时，归根到底这是试图将我的情感转化成服装，这件服装不仅捕获了我的情感同时也是情感的流露。

783 » 工作场所

我最近将一所旧公寓翻修成我新的工作室。预算的限制意味着我不得不尽可能保持简单。但是我确保自己亲手挑选每个细节，打造出的环境让我觉得充满正能量。感觉良好的工作环境确实能给你的情绪和工作带来积极影响。我喜欢被美丽的事物包围。我试着在周围尽可能多地摆放鲜花，花总是激励着我。

784 » 材料

我完全使用天然面料，尤其是不同种类的丝绸，比如雪纺绸、缎子、生丝以及伯爵缎。我喜欢丝绸，它非常衬体型，而且极致奢华。我相信最好的裙子不只是看起来好还要穿着非常舒适。我从不使用合成面料，主要从代理商和经销商手中购买面料。

785 » 色彩

淡雅柔和的色调总是能启发灵感。

786 » 传统制造 VS 试验

我想说，我有意识地偏好传统，但是我是通过自学成长起来的，等一切都要试验。因此，我认为两者略微不均衡的结合最适合我。在我的系列中确实没有核心款式，在我看来，每件服装都应当以自己的方式令人惊叹，但是所有服装组合起来才能形成系列。

787 » 品牌价值

我的服装是女性化的，并且充满浪漫的气息。我们中的每一个都是独一无二的，如果你的创作是受到内心的启发，它必定独一无二。

788 » 风格

高品质、独特性、高雅并且总是女性化。

789 » 认可

当我的客户穿着我设计的服装感觉到自己美到极致时。

790 » 建议

作为一名自学的设计师，我可以证明，如果你有天分、乐于努力工作并且相信自己的热情，你实现梦想的道路将一帆风顺。

791 » 灵感

当我开始一个系列时，我将思路打开，让灵感进入。所有对我有意义的感觉都能为我提供主题。对这一部分进行评判是不合理的，但是当我认为最终的产品令人满意时，我知道我的路走对了。

792 » 开发一个系列

我通过色彩和造型演绎概念，但最主要的，我是一个推崇装饰的设计师，因此刺绣是传递我的理念最好的方式。

793 » 材料

我根据结构选择面料；因为我的服装中使用正方形较多，我喜欢使用类似纸张质感的面料。我通常在巴西购买，但有时我也会进口样品。没有我从不使用的面料，因为可能在未来的某个主题中，我需要借助不同的肌理进行表达，虽然现在我可能不太喜欢。

794 » 传统制造 VS 试验

我们的目标是在保持传统的同时做一些试验；我试图用一些新的概念保持传统的形象。每个系列都有代表性的款式，这样可以保持它的识别度。

DK Eyewitness
BIRD

795 » 个性 VS 共性

由于特别的手工刺绣的运用，我觉得我的创作充满个性。

796 » 推广策略

我认为我们现在所拥有的技术可以提升品牌，但是它还需要手工艺所具有的亲切感。

797 » 进步

我总是努力提升我自己以及我的品牌。

798 » 街头时尚 VS 时装设计师

如今，根据品牌目标或策略，两者都有。

799 » 认可

最大的认可是“我必须拥有这条裙子”。

800 » 好习惯

我们必须坚持，比如在健身房锻炼，让灵感“遵守”时间，这样你才能够在工期内高品质地提升和完成你的高水平创意系列。

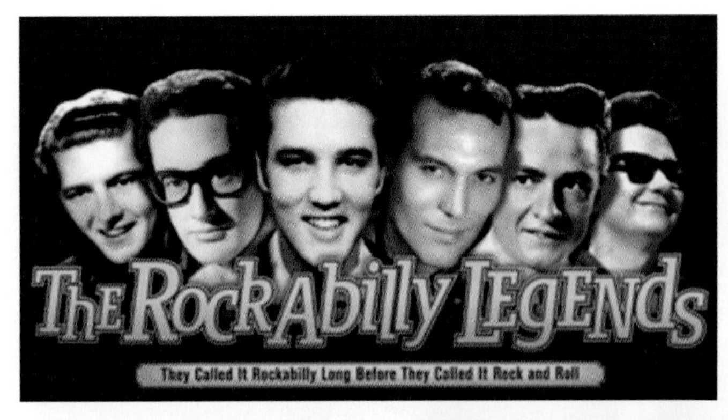

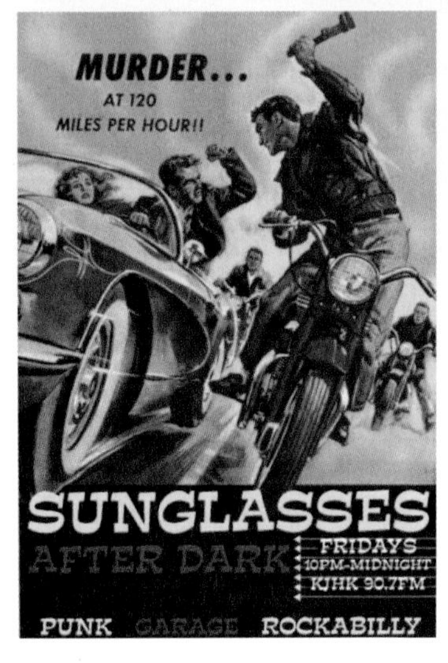

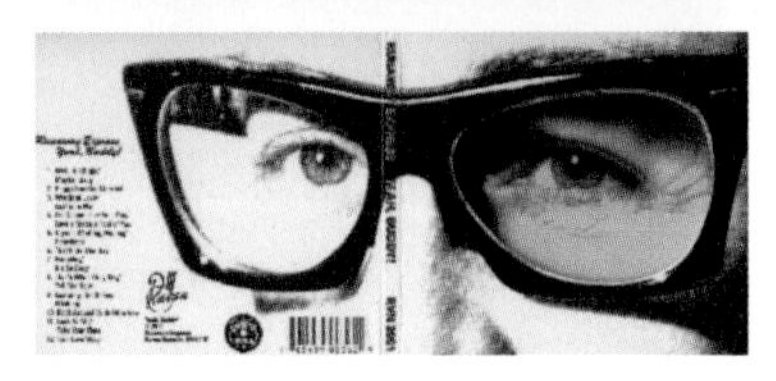

801 » 灵感

我对世界敞开心扉，保持开放的思维，并找到与我心灵相犀的事物。这是超越显而易见，发现有趣而复杂的形状。地球是一个丰富的视觉资源库。我只是试图打开它，并让自己产生这种感官体验。为什么不相信自己对世界的直接反应呢?

802 » 工作场所

我的办公室就像是一个巨大的箱子，我把让我想起各种地方的照片、图片和物品以及我喜欢的图像放在这里。我不断地增加这些东西，这几乎是一个记忆库。

803 » 开发一个系列

主要的主题或者灵感是你想要通过整个系列传达的感觉和感受。这就像是水晶，具有多面性，可以进行不同的诠释，并且在不同的产品中有不同的表达方式。

804 » 材料

设计眼镜的部分乐趣就在于尝试不同的材质和触感，材料和色彩的组合形成并激发了新的语言。秘诀就在于你能意识到你所设计对象的曲线和形式创造出的能量。

805 » 色彩

自然界提供了让我充满热情的东西，即对比。

806 » 传统制造 VS 试验

这是维持品牌活力的唯一方法。我们的思维要寻找新的理念和可能性，好奇心必不可少。让它带你去寻找新的策略、新的材料和新的技术方法。

807 » 你的左膀右臂?

我相信协同合作：思想、理念、意识形态以及能量的融合。我没有将设计看成是一个职业，而是人际关系中的思想态度。

808 » 好习惯

支持文化。下次你去购物中心前思考你是否真的需要什么……然后转身出发去博物馆!

809 » 使命

制作有意义、精美而且激励他人的产品。

810 » 时装是艺术吗?

从我所做的一切中寻找它。“美丽即真理，真理即美丽”，这就是全部。我将艺术视为一种媒介，通过这一媒介，美好的事物才走进我们的世界。

adidas.com/originals

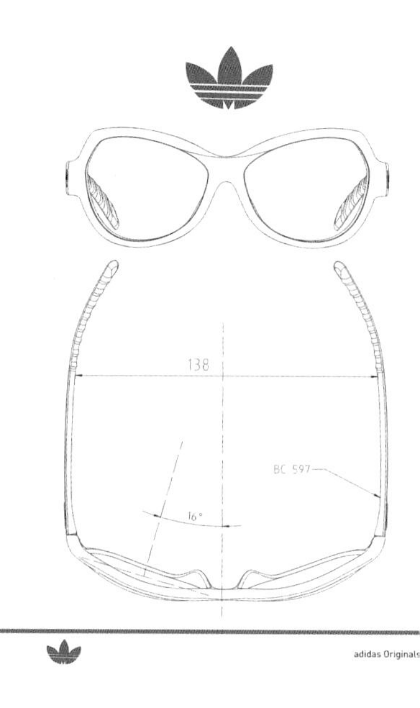

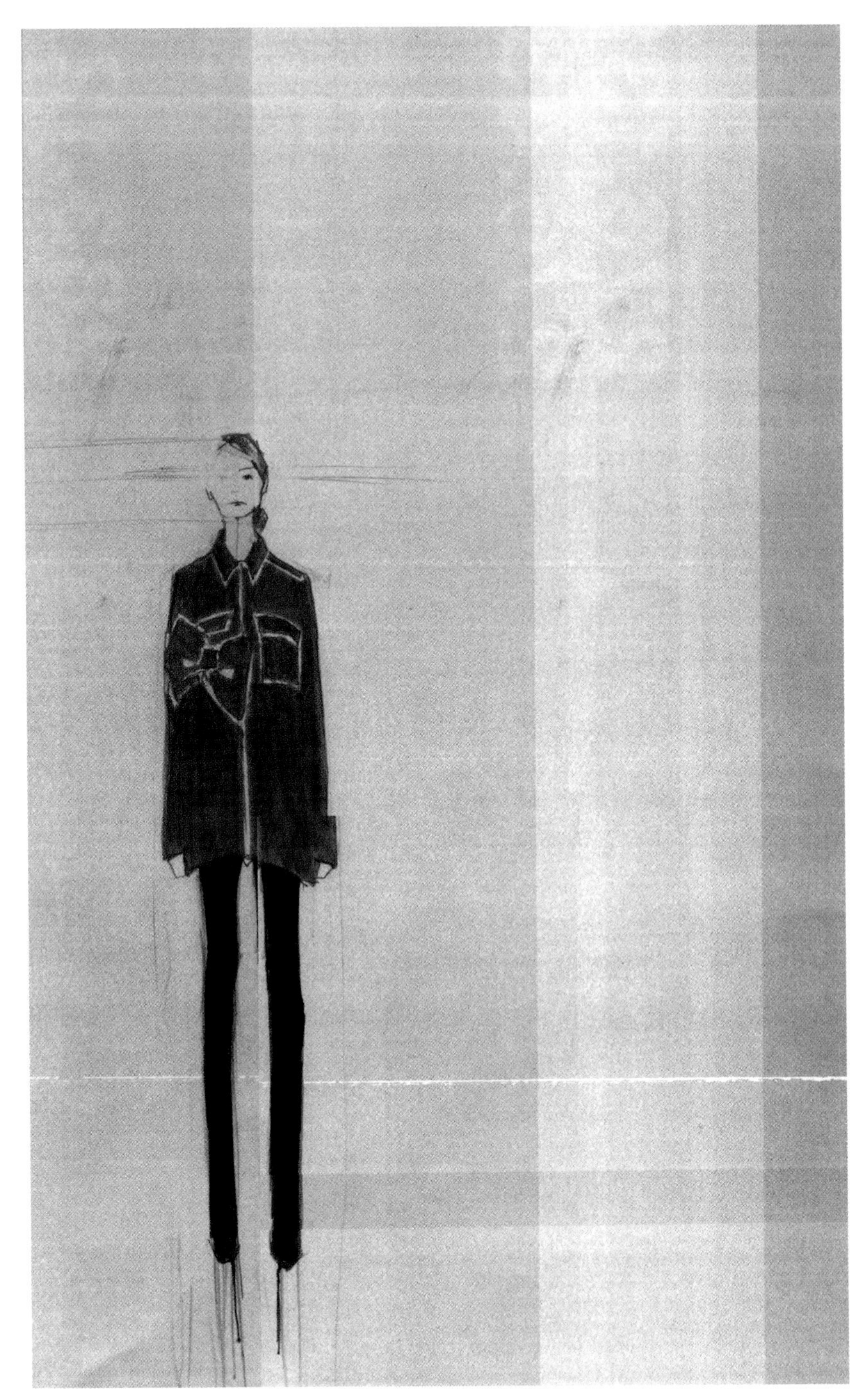

811 » 灵感

我总是有一个概念，它是我们的工作方向。这通常很个人化。我的背景和环境极大地影响了我。我也喜欢去寻找一些旧的物件，它们有自己背景和故事，我们以此为切入点。我非常喜欢收集：茶杯、机器人、闪光球、跳跳球、古董珠宝、古董雨伞、古董钢笔、企鹅……数不胜数！

812 » 参考素材

在我的脑海里，我并没有计划为某个特定客户而设计。我专注于将每个独立的款式作为目标，并且试图塑造它们自己的独特性。

813 » 材料

大多数的面料我们都是在“第一视觉”面料展上采购的。我们非常重视品质，所以它是我们选择面料时最重要的因素。我从不排除使用某种面料类型，但从不使用机织亮片，因为我们所有的都是手工绣上去的。

814 » 传统制造 VS 试验

我认为传统与试验的结合非常重要，因为如果试验以传统、经典为起点，它将更加有趣。我们总是试图将每一件都做成核心款——每一个都应该表达鲜明的创意。我们不做基本款，因为作为一个发展中的品牌，我们认为所有的一切都应该有其自己的重要性。

815 » 色彩

色彩一直以来都是设计不可分割的部分。某些服装可以使用鲜艳的颜色，而其他的则需要淡雅的颜色。当

你是个小品牌时，很难找到好的色样，因此我们总是寻找一些有趣的颜色。

816 » 你的左膀右臂?

我的确与我的助理Pete紧密合作，我们一起做所有事情。真高兴能有一个志趣相投的伙伴。

817 » 个性 VS 共性

我喜欢我的服装被不同类型的人穿着——男性、女性，风格不一。我们不喜欢规定服装应该如何穿着搭配。希望这意味着它们充满个

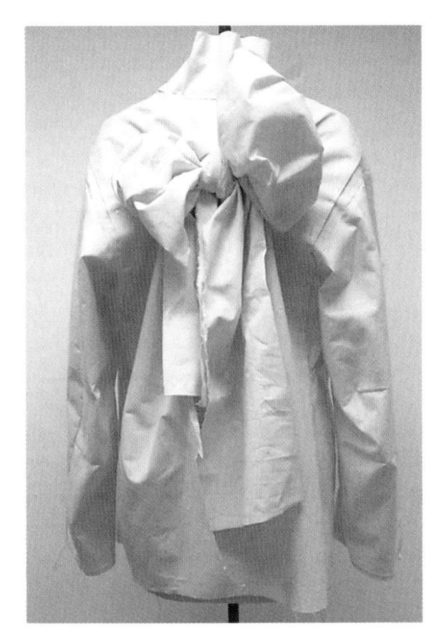
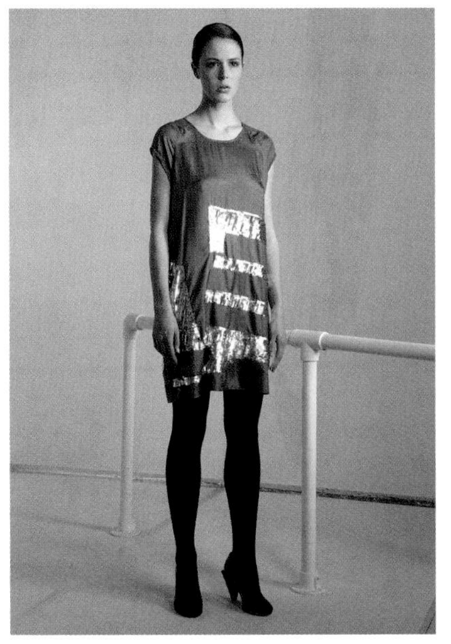
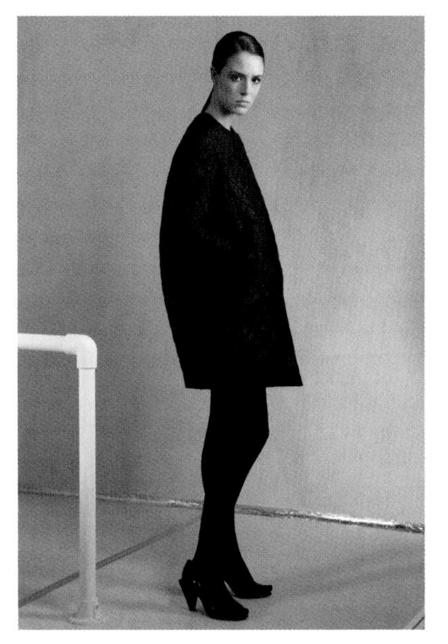

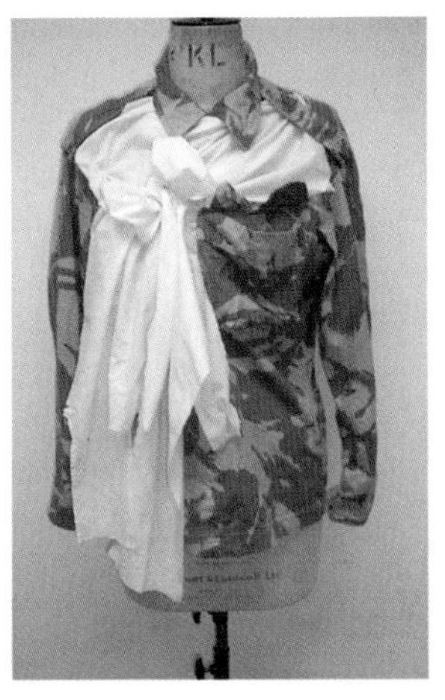
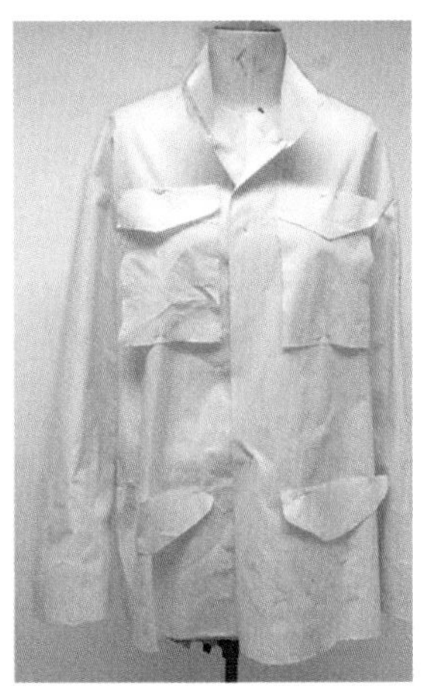

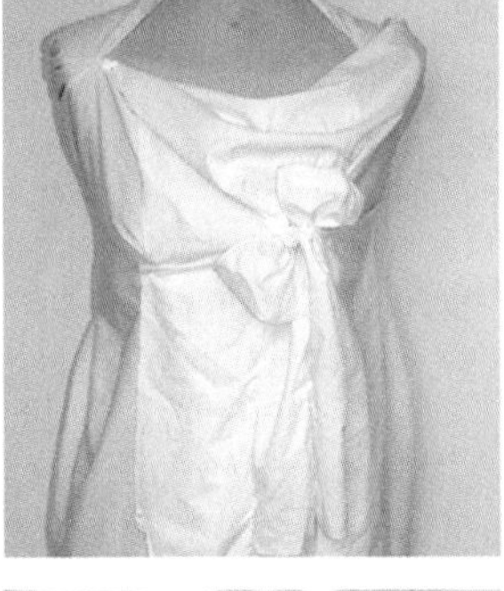

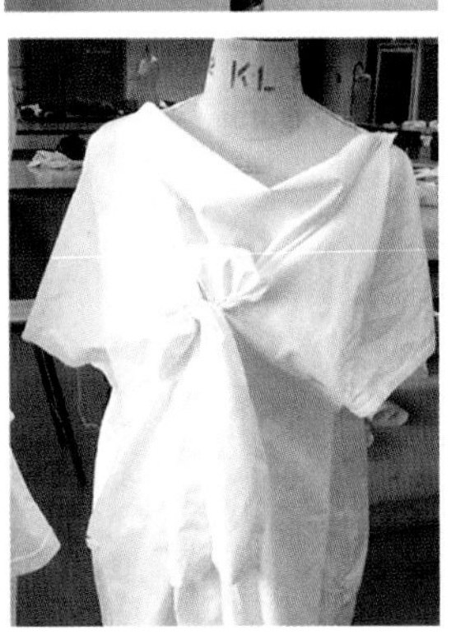

性，我喜欢看到人们穿着它们出现于不同环境，超越我的设计初衷。

818 » 品牌价值

希望我们的品牌承诺品质和与众不同。我们总是努力想出做事的新方法。符合品牌的审美观，受男装的影响很大。我想要将这种前卫感用到女装中，让我们的品牌鹤立鸡群。

819 » 销售

销售独一无二的产品能带来好的销量，但是这个产品的确需要为人所知、具有可穿性，否则人们永远也不会买它。这势必对我的创造力产生影响。我喜欢这样一种挑战：创造一些新鲜有趣的东西，被所有人所青睐、享用。

820 » 认可

人们想要穿着我的作品。没有什么比看到人们穿着一件你设计的服装在街上行走更好的了。

821 » 灵感

这是一个非常流畅的过程。我们经常创作速写稿，勾画创意。但是在开始设计真正的系列之前，我们会讨论许多话题，比如政治环境或者社会文化运动，这集结成某种感性、感觉和表现。当整体主题确定好以后，我们开始每天的设计工作，并进一步探讨。

822 » 开发一个系列

我们在工作室完成几乎所有的样品制作，包括在纸样上绘制设计稿、版型和销售样品。系列的设计和制板完成后，将每个款式套在模特身上进行试衣。有时候会用到三种不同体型的模特。以此确保服装合体，即使是身体比例发生变化的情况下。

823 » 材料

我们总是努力获得高品质制造的不同材料。从澳大利亚和意大利购买毛料，从日本购买皮革，从中国购买丝绸。我们总是使用高品质的材料。我们的理念是，服装应该穿起来舒适，同时又美观。“如果你感觉良好，你也会看起来很美”的想法是最重要的。

824 » 传统制造 VS 试验

你的试验不能脱离传统。只有当你拥有可以打破的传统，你才能开发自己的风格。我们喜欢经典的定制西装，但更喜欢解构，并在此基础上进一步拓展。

825 » 品牌价值

我们努力以出色的材质创造令人惊艳的裙子和夹克，使服装既有外在美，又有内在美。

826 » 推广

推广是一种让人们看到以及感受你的服装的至关重要的工具。我们与新闻机构合作进行媒体报道。但是比媒体报道更重要且不能用文字传递的是穿着者穿上服装后的感受。这种感觉通过身体语言来传递。

827 » 时装是艺术吗?

我们以自己微妙的方式来解决日夜思考的问题。我们并不认为自己在创造艺术。时装有其自己的语言。

828 » 好习惯

不断地“滋养”你的好奇心。

829 » 认可

看到有人穿着我们的裙子彻夜舞蹈是奇妙的！看到人们以自己的方式搭配我们的服装真的耳目一新。

830 » 进步

个人发展应该是持续不断的。这以个人的专业水平为基础。社会环境千变万化，你应该尽可能地快速适应。

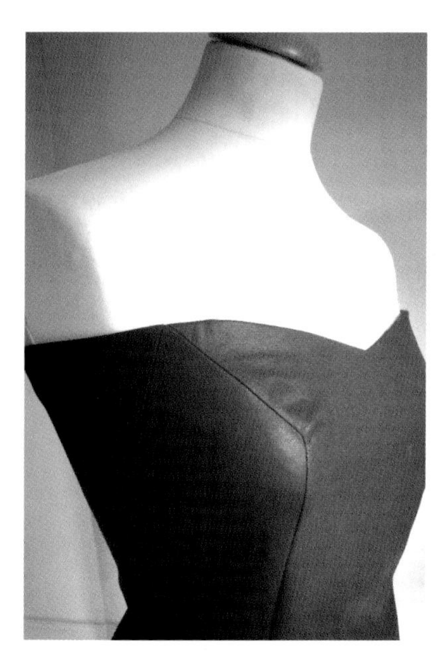

831 » 灵感

在准备新的系列时，会花很长时间来进行调研，寻找灵感和主题。2009年的春夏系列，我们从建筑中获取灵感。因此，我们将雕塑般的元素，比如用金属以及块状结构来演绎现代而时尚的外观。

832 » 参考素材

我们的设计来自于我们的想象以及调研。将想象与调研中获得的新想法结合起来，将它们塑造成服装。但是，试图用直接的方式将概念转化到每件服装中。为了在T台上获得这种效果，我们将金属网元素和有肌理的面料结合起来，再加上更加淡雅的彩色面料，来营造一种更加有活力的外观。通过使用面料装饰工艺，如打褶和立体剪裁，我们尝试用创新且有趣的新方式将建筑学的元素引入到我们的服装中。

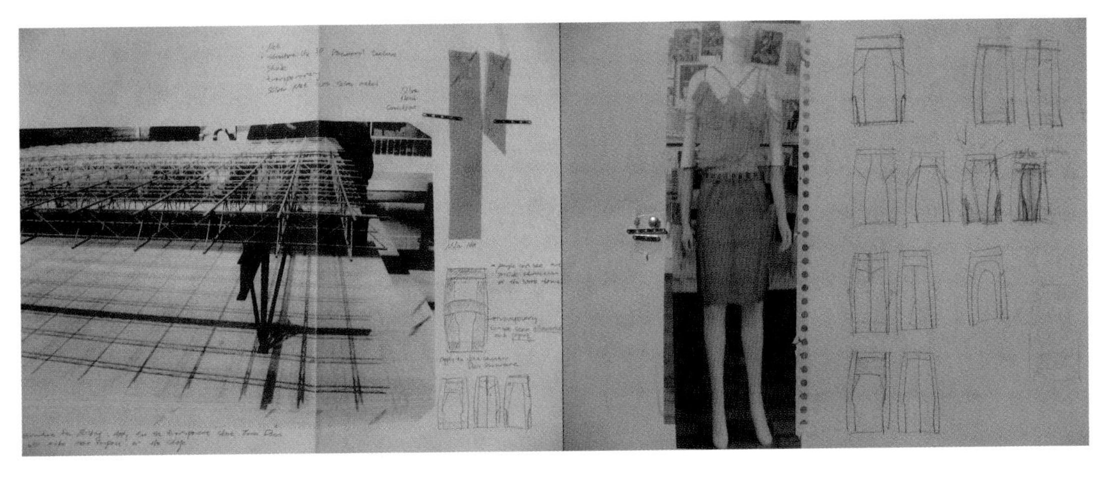

833 » 色彩

我们从纯艺术中获取色彩灵感！当我们去年在泰特现代美术馆发现阿斯葛·琼的作品时，便沉迷于这些美丽的油画了。他的色彩搭配方式以及孩子气的绘画手法让我们深受启发。因此，我们使用桔色、粉色以及蓝色形成服装系列的基本色调，并用银色和金色作为强调。

834 » 传统制造 VS 试验

我们的审美观是“试验”。尝试新的事物并在人台上用面料进行立裁是设计过程中最美好的时刻。为发现新的、意想不到的创作感到兴奋。我们同时认为，每一季都能有代表性的款式并能最佳地表现你的主题，这是个不错的注意。

835 » 沟通

是的，沟通非常重要，这样你不会搞砸订单以及生产过程中的每一个步。我们认为不管是哪一个行业，它都能更快地推进工作进程，提升效率，即便是创意艺术家也同样如此。我们负责业务中信息的沟通，因为我们管理和指挥我们的助理、工作人员、工厂员工以及其他材料供应公司。

836 » 风格

我们保持品牌的个性，也尝试以多种方式与其他艺术领域合作。时装正在成为许多艺术领域的综合体，我们只是“顺水推舟”将各种事物结合起来。我们认为，继续表达我们的理念我们便成熟起来。

837 » 建议

做自己热爱的事情，展望未来并拓宽你的思路，制定趋势，创造理念，而不只是随波逐流。

838 » 好习惯

我们会说是“创意”，认为一切都有可能，然后你就能创造出你脑海中的任何事物。

839 » 认可

当我们从其他时尚达人以及时尚编辑那听到“我想生活在你的时装世界”的时候，这就是对我的认可。

840 » 时装是艺术吗?

我不能将时装与艺术分割开来。它们总是相互影响的。我们所做的只是尝试使艺术变得可穿戴。最有挑战性的部分是控制我们的想象力，保持专注于什么是可穿戴的以及什么是艺术，并使服装能被社会接受的同时仍然保持它是我们幻想的一部分。

841 » 灵感

在我开始创造一个新的系列时，我总是有一个主题。我认为设定一个概念或者范畴并使它成为你私密空间是很重要的。这个空间将是进行创造的核心。这样，我坚信你能提升你的创造力并开发创新性设计。

842 » 开发一个系列

当我构想出一个概念后，我开始收集与这个概念相关的材料。它可能是来自书本、杂志、网络、照相机拍摄的照片等视觉材料，也可能是文字材料，比如报纸、书本或者城市空间。收集的材料越多越好，然后将其分类，使这些视觉材料更具体化。下一步是将这些视觉料综合起来放到素描本或者黑板上做成情绪版。最后一步，也是最重要的一步，是将材料转化到系列的每个款式中。

843 » 材料

在我为新系列收集面料的时候，我寻找的都是天然面料，如丝绸、棉布、羊毛、天丝等。对我来说，穿着舒适最重要。如果我选择合成面料，这是因为我不能否认它在某种的程度上能我支撑我的概念，而且让面料特征多样化，从厚实到透明，有光泽到无光泽，针织到梭织等。我也试图在每个系列中运用生态面料。不过，有一种面料我不会使用，这就是皮草。

844 » 色彩

我从我的情绪板发现色彩。如果我除了使用黑色和白色以外还运用了其他颜色，那么它们对于支持系列的概念来说非常重要。否则，我宁愿保持简单。我认为色彩选择依据很重要。

845 » 个性 VS 共性

在很大程度上，我认为我的创作表达的是独立性。我的系列中许多款式都有其特立独行的一面，符合消费者追求个性、前卫、树立自己形象的心理。当然，我有目标客户，但是我希望我的服装能被所有希望穿它的人所接受。

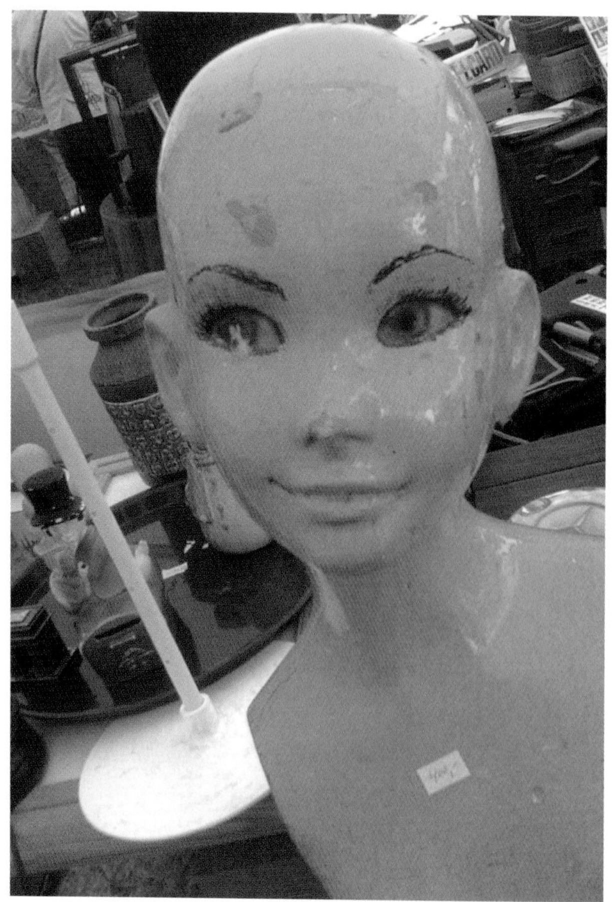

846 » 推广策略

虽然我的产品必须商业化，但我坚持创意的重要性。我要传达的信息是，你必须忠于你的价值观并通过传达给客户而体现出来。我试图给我系列中每件服装注入一点我自己的东西，我相信客户会赞同这样的做法。我的推广策略十分简单。我希望它开放而生动。

847 » 进步

我每完成一个系列（指的是我所创造的所有系列，包括学生时代创造的），我都希望在下次都有所提升。如果你保持开放的思维，你将学无止境。我觉得我在不断进步，这真的很神奇而且我很喜欢。

848 » 时装是艺术吗?

不，我销售的产品我并不称之为艺术，但我尝试以一种令我满意的方式保持艺术与商业的平衡。对我来说，更重要的是我忠于自己的概念。除此之外，每个系列我都传达一个信息。当你还是学生时，你可以尽情地玩你喜欢的，但是在现实世界中，你还需要销售你的产品。

849»街头时尚 VS 时装设计师

我认为时尚从每个追求“新事物”的人身上散发出来。

850 » 好习惯

思想开放、不吝啬分享你的知识，相信自己的创意和价值观，而且玩得开心。

851 » 灵感

我们总是思考截然对立的创意之间的协调。

852 » 参考素材

Miyama提出当季的概念并负责设计，Kamijima负责制板和廓型。Hattori（我们的助理）制作服装细节。

853 » 开发一个系列

我们通过服装的廓型和细节来进行系列的开发。

854 » 材料

根据我们想要实现的廓型来选择面料，从面料品种丰富的供应商那里购买。我们没有使用过的面料可以说凤毛麟角。

855 » 传统制造 VS 试验

我们更喜欢试验。是的，我们认为这是表达截然对立的观点的好办法。

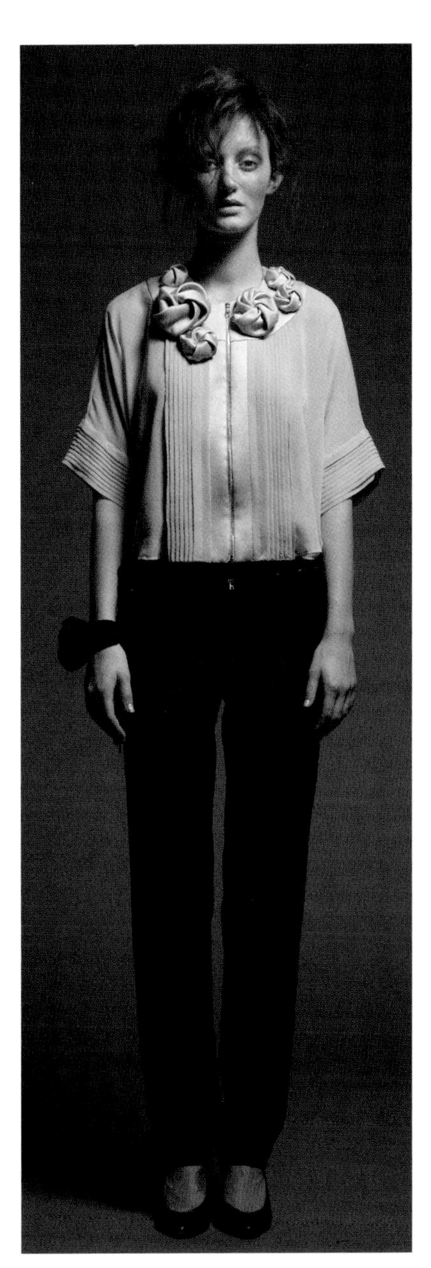

856 » 品牌价值

我们以创造个性为目标。我们的品牌名“near”，取这个名字的意思是“使某个元素更接近于另一个极端”。

857 » 时装是艺术吗?

我们认为观众决定一个系列是不是艺术。

858 » 建议

和有经验的人聊天。

859 » 销售

我们不知道什么产品会有好的销量。

860 » 沟通策略

我们所要传达的信息就是服装系列。我的沟通策略是喝酒。

861 » 灵感

我决定系列的思路取决于我当时的感觉。一切都取决于我的心境。去年我受到些许20世纪80年代街头时尚的影响，近来我回归到更久远的历史，受到纸醉金迷和风格化的影响。

862 » 开发一个系列

我所有的设计工作都在家里完成，以音乐和电视做背景，酒为辅助。并且是独自一人直到深夜。我需要完全地与世隔绝才能进入设计状态，而这只有在家里才有可能。

863 » 材料

我们眼镜的所有材料都是由意大利Mazzuchelli公司的纤维素乙酸酯制成。然而，如果我留存了几个标准色用于下几个季度，我会进行变化，或者整合起来形成新的色调，成为我们系列的专有色，在其他系列中你是看不到的。

864 » 色彩

一副眼镜的材料和色彩是传达信息并将自己区别开来的手段。为材料花费的精力与获得造型同等重要。同一款式的两种颜色所传达的信息可能完全相反。

865 » 你的左膀右臂?

在设计过程中我没有任何顾问。我自己设计。我不听取建议，以免让它们干扰我的创造过程。我对色彩的选择也是如此。我通常对我想要达到的结果有笃定的想法。

866 » 品牌价值

品牌是品质的同义词，因为我们的眼镜完全在法国手工制作，而且有不同的设计观，因为它的风格明显不同于你现在在市场上能看到的其他任何产品。

867 >> 推广

这取决于你所指的是何种推广。如果你指的是广告宣传册，那是绝不可能的。我从不宣传我的品牌，并且将来也不会。一方面，我不喜欢花钱在时尚杂志上展示它们。我更喜欢我的产品因其自己的魅力而被广而告之。另一方面，如果你指的是出现在媒体上，那就另当别论了。当你认为我已经不止在一个最重要的时尚杂志（如*Vogue*、*W*、*L' Officiel*、*Marie-Claire*、*WWD*）上几乎天天露脸时，我就有了一个绝对可靠的宣传媒介。因为如果你是个独立设计师，这种定期曝光绝对至关重要，首先它可以保证你获得买手的关注，其次是客户。

868 >> 建议

要敢于追求美丽，散发魅力。在

© Peter Som 09

宣传方面，有一个双重策略，即：在时尚杂志上持续露脸，同时以最高水准的产品出现在市场上。两者缺一不可。

869 » 时装是艺术吗?

不，我不会说我是个艺术家，但是我会说我的一些设计明显是艺术作品，以纯粹艺术化的方式而设计，并且没有因为商业原因而打折扣。

870 » 进步

如果这个系列成功了，而且非常成功，你就有了特定的压力，因为，理所当然，你总是追求更加完美，或者至少相当。眼下，我思考如何实现这一步，一季比一季更精彩。

© Colaboración con Liquid Architecture y Thomas Lelu

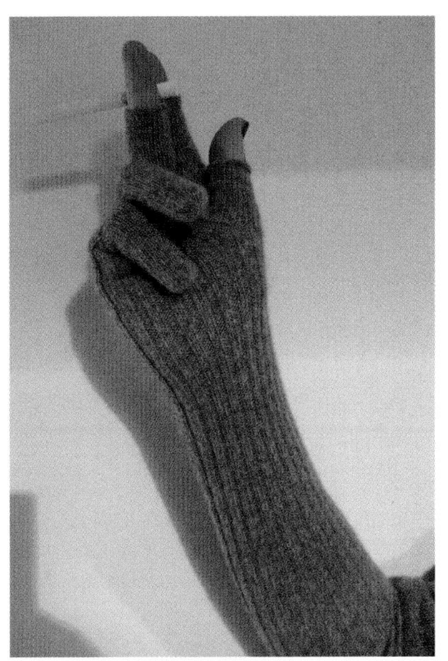

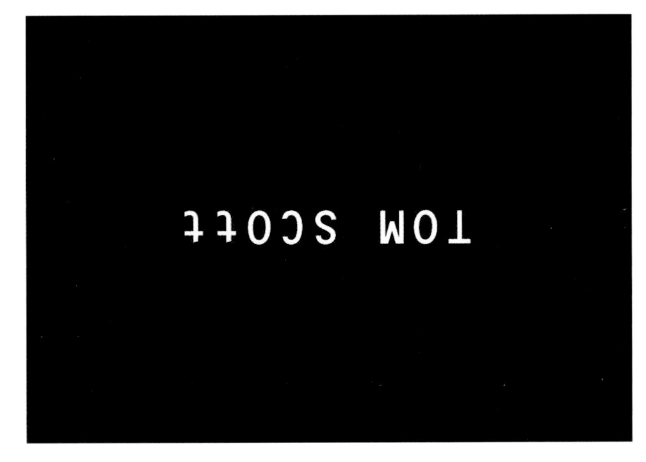

871 » 灵感

这通常是一个关于思想控制物质的问题。通常，我从一个独特的理念着手，但是有时候很多创意会交织在一起。

872 » 人台

我一直都用6号带轮子的人台。

873 » 色彩

我寻找灰阶色调。

874 » 你的左膀右臂?

我的很多款式都只是穿在手臂上，我希望能拥有更多。

875 » 品牌价值

我的品牌承诺出其不意。

876 » 进步

总有进步的空间。

877 » 传播

我喜欢让服装为自己代言。

878 » 哲学

当然，时尚来自街头。

879 » 好习惯

我不是好习惯的榜样。

880 » 销售

对我工作最好的赞美是当有人迫不及待想要穿上它。

COLLAPSIBLE
MODEL 2004

-eyelet tee
-open side zip vest
-double shorts
left me on the side of the road

-float stitch scarf

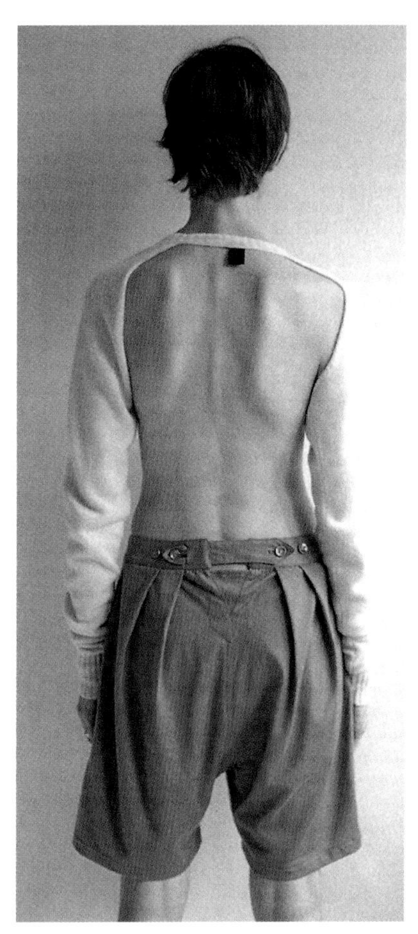

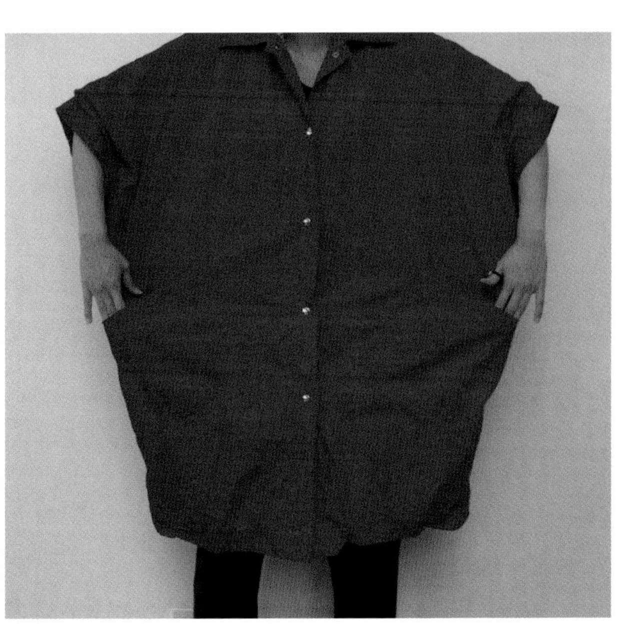

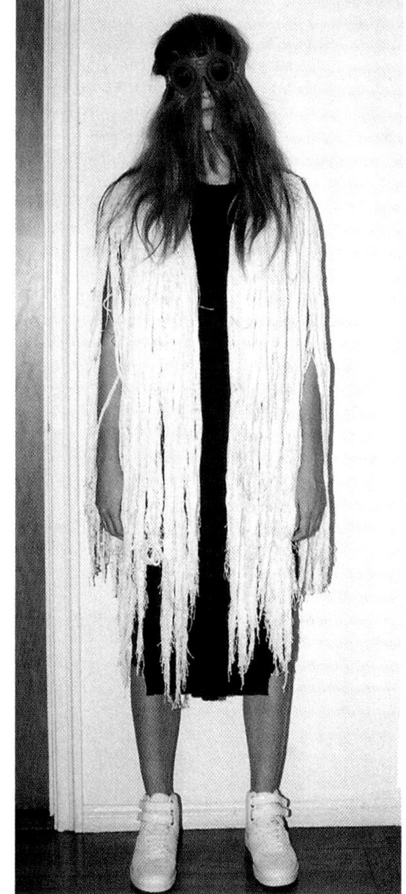

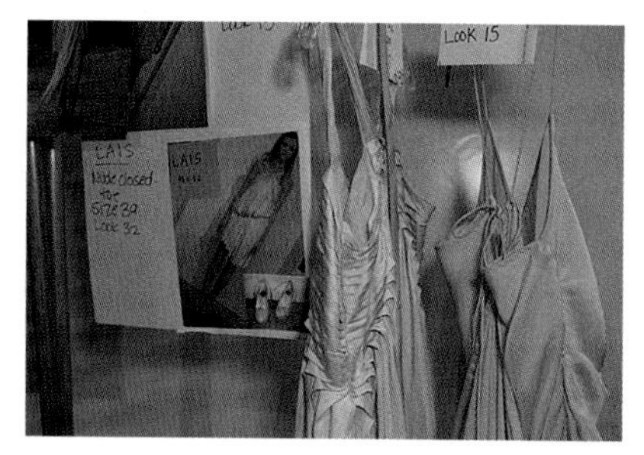

881 » 参考素材

就是那件我此刻正在设计的服装款式，在我脑海里只有这一个。

882 » 人台

我们在人台上进行立裁和打褶，但总是依据最初的设计理念。

883 » 色彩

生活，历史！我偏爱渐变色。

884 » 风格

带点前卫的女性化。

885 » 传统制造 VS 试验

我总是努力进步，促使自己去试验。最终，不用很费力也能获得同样的品牌特征。

886 » 推广策略

正直和个性化。

887 » 进步

竞争迫使我不断向前！

880 » 时装是艺术吗?

不是，时装对于艺术来说发展太快，但它们属于同一个大类。

889 » 建议

尽可能忠实于自己最初的想法。

890 » 销售

这涉及很多因素，其中，时间非常重要。它不会产生影响，但应该将其考虑其中。

2love
TONYCOHEN
Color Card Fall/Winter 2009
250 African Daisy
320 Tiger Lily
340 Wild Rose
450 Delphinium
460 Orchid
470 Amaryllis
550 Kamakura
600 Black Thorn

2love
TONYCOHEN
Color Card Fall/Winter 2009
PRINT E

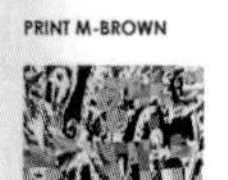
PRINT M-BROWN

PRINT M- PINK

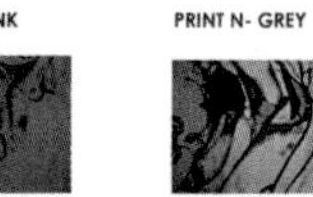
PRINT N- BEIGE
PRINT N- PINK
PRINT N- GREY

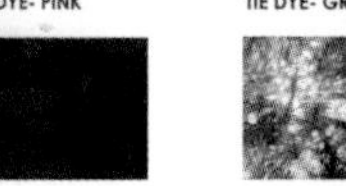

TIE DYE- PINK

TIE DYE- GREY

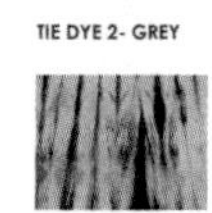
TIE DYE 2- GREY
TONYCOHEN
Prints Fall/ Winter 2009

PRINT A

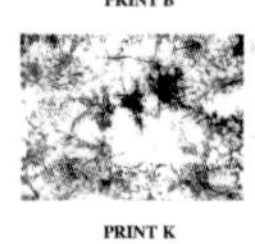
PRINT B

PRINT C

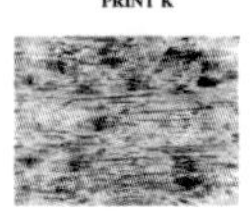
PRINT K

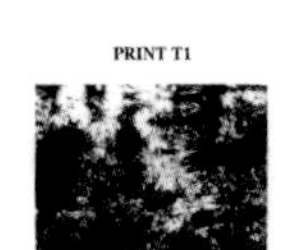
PRINT T1

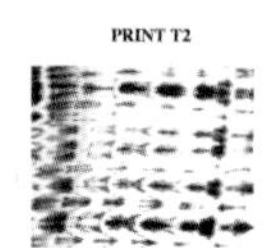
PRINT T2

PRINT T3

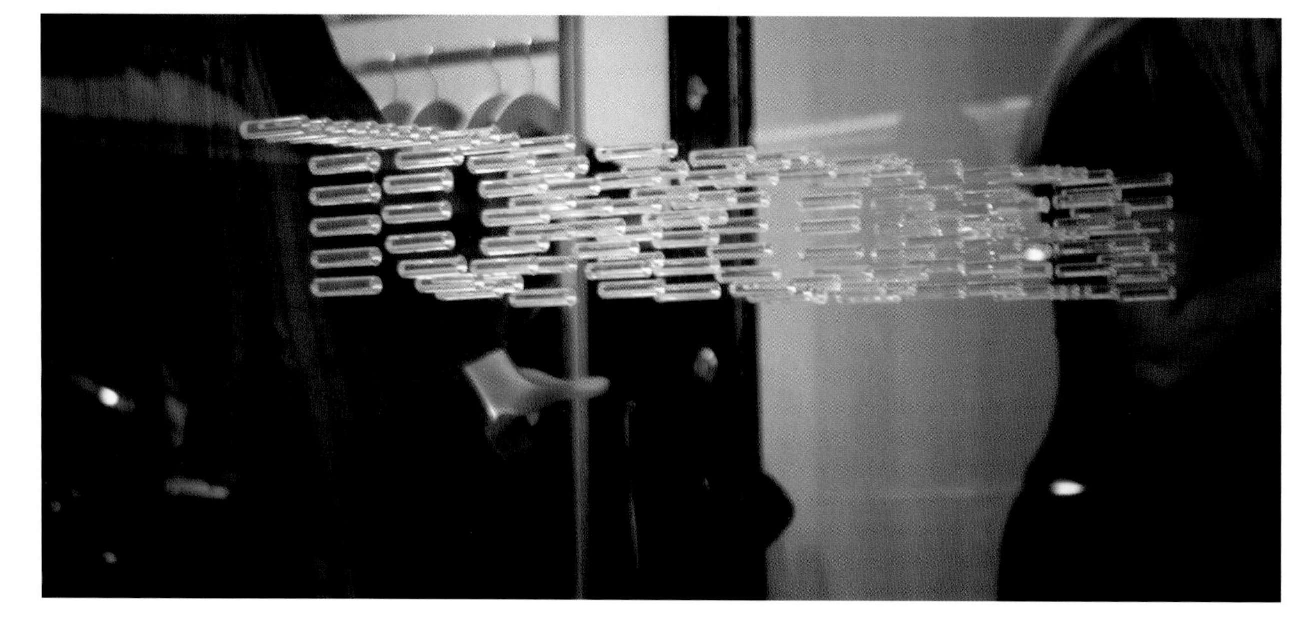

891 » 参考素材

最开始的时候我要考虑的是廓型，然后进行细节处理。我想象面料的垂坠效果，以及在人体身上的造型如何。

892 » 色彩

我试图选择最能表达设计的色彩，但总是会考虑是否符合皮肤色调。

893 » 个性 VS 共性

我选择个性。我们品牌的设计富有启发性，对细节的关注使我们独一无二。

894 » 品牌价值

独一无二、美丽极致且精心设计，服装有很多特点。

895 » 风格

我们想要激励女性拥有时尚的乐趣，穿着服装的时候感到自己很特别。

896 » 进步

回顾每一季的系列，并从过去的错误中吸取教训。

897 » 街头时尚 VS 时装设计师

总部设在伦敦，这肯定来自于街头。

898 » 建议

相信你的直觉，不要相信别人告诉你的一切。

899 » 好习惯

做事认真，并实现你的创意！

900 » 认可

看到人们穿我们品牌的服装，而且获得赞美。

901 » 灵感

当我开始一个新系列时，我会思考出一个创意作为起点，并用我的感觉来指引我去实现。

902 » 开发一个系列

为了系列中的每个款式都能传达这个理念，我主要负责纸样和面料。

903 » 材料

我选择与我正在准备的系列适合的面料。我主要看面料的克重、肌理以及品质。我对造型的兴趣胜过一切，所以我通常使用无彩色系，即黑或白。

904 » 工艺

服装的某个款式无意中成为品牌标志，尽管随着时间的推移，这种标志会发生变化。

080
LANCOME

© Mirella Miras

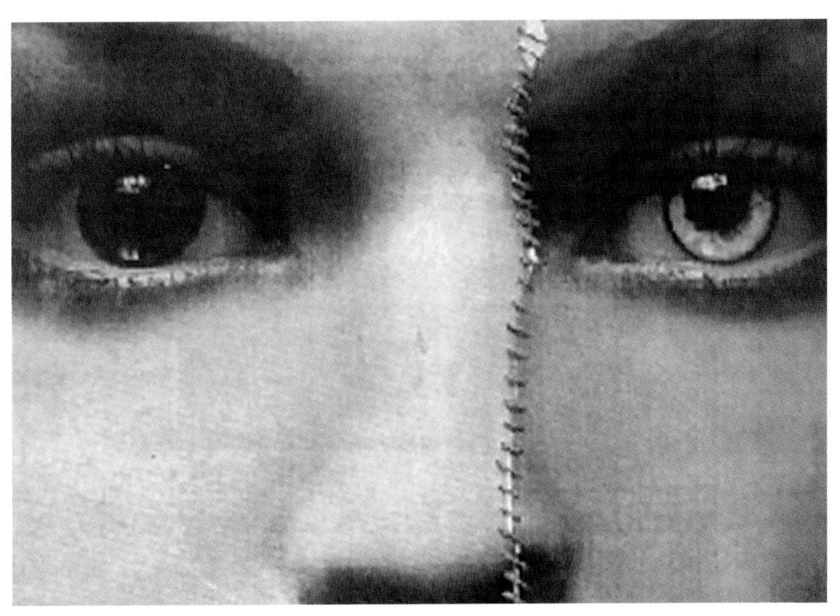

905 » 品牌价值

我认为我们的品牌提供了个性和设计。

906 » 进化

从某种程度上，我认为我必须每六个月实现一次超越自己，但同时，我的风格相当明确，我不会轻易放弃我认为可行的想法。有时，我会继续开发，直到到达另一个境界。

907 » 推广

我们的品牌有自己的声音，并乐于分享。

908 » 建议

除了纯粹学术的一方面，你应该努力工作并充满热情，这点很重要。

909 » 好习惯

设计师应该保持眼界与思维的开阔，同时高标准要求自己，忠实于自己的个性。

910 » 认可

最好的赞美就是工作圆满完成后的满足感，以及你最信任的人的积极反馈。

911 » 灵感

跟随你的感觉。最后，努力将它们组合在一个主题中。

912 » 参考素材

思考你正在设计的东西：比例、剪裁、立裁……不仅仅只是漂亮的设计稿本身。

913 » 开发一个系列

这个过程是自然而然的。你是唯一将一切已经存于自己脑海中的人。

914 » 传统制造 VS 试验

演变。

915 » 个性 VS 共性

个性与自信。

916 » 品牌价值

展示你真实的理念。不要轻易接受他人灌输给你的。

917 » 进步

多保留，少错过。季节性的东西重来都不是好的。

918 » 时装是艺术吗？

应该算是艺术。过程是一样的，即我独自站在一张白纸前面开始画画……艺术也是如此。

919 » 建议

不要去阅读人们对你服装系列的评论。

920 » 好习惯

忠于自己的风格，不要追随新闻媒体的评判。

921 » 灵感

自然而然地，我们思考存在于内心深处而且亟需表达的主题、感受以及情感，而且能够将这些因素综合起来具象化。我们思考理想的女性或男性，一点一点地利用当时的审美观和理念装扮他们。

922 » 工作场所

制作女装系列时，大多数的工作都是直接在人体上进行的，我们有一个一直合作的模特，我们彼此的配合很舒畅，不会感觉别扭。而男装设计我们更喜欢画设计稿。我们的工作场所是Velazquez（17世纪西班牙现实主义大师，译注）的诞生地，并且我们位于该建筑的最高一隅，可以充分享受阳光，环绕于屋顶与教堂的穹顶。

923 » 材料

我们通常从“第一视觉”面料展（巴黎）上购买面料。其他的都是我们自己参与特别制作的，比如图案。任何面料对我们都有吸引力，这取决于当下的时刻以及我们想要表达的感觉。经典奢华的面料一如创新面料一样都让我们着迷。

924 » 传统制造VS试验

两者都是。但是传统总是能让你走向最大的成功。我们开发了一种自称为“caracola”（海贝）的褶皱类型，并申请了专利。

925 » 品牌价值

我们的设计策略一直是最前沿的，但被根深蒂固的文化传统所熏陶，这让我们有一种独特的风格，与众不同。我们的品牌承诺原创性。

926 » 进步

直到现在，我们一直是幸运的，仍然感觉像孩子般渴望学习；鉴于设计的职业生涯无穷无尽，我们觉得有必要展示我们所做的事情，想要进步和提高。本质上，创意理念得以延续，它是公众如此坚决地从你身上夺走的东西，并且我们设想，无法传达的东西便已丢失。

927 » 推广

时装本身就是推广，因此，你为创造服装设计所做的一切努力以及直接影响服装的一切，对于品牌发展来说都非常有利。我们与团队一起负责推广。一直以来最有效的方法是保持风格统一，并忠于自我。

928 » 街头时尚VS时装设计师

过去，时装来自于设计师的想法；而现在它不可避免地受都市风貌的影响，虽然总是由设计师来对这种风貌进行选择和演绎。

929 » 建议

生命中的一切该来的总会来，不要急于求成。如果你奋斗并持之以恒，最终你都能实现你所有的目标。

930 » 认可

最好的事情就是我们的品牌能一眼就被认出。

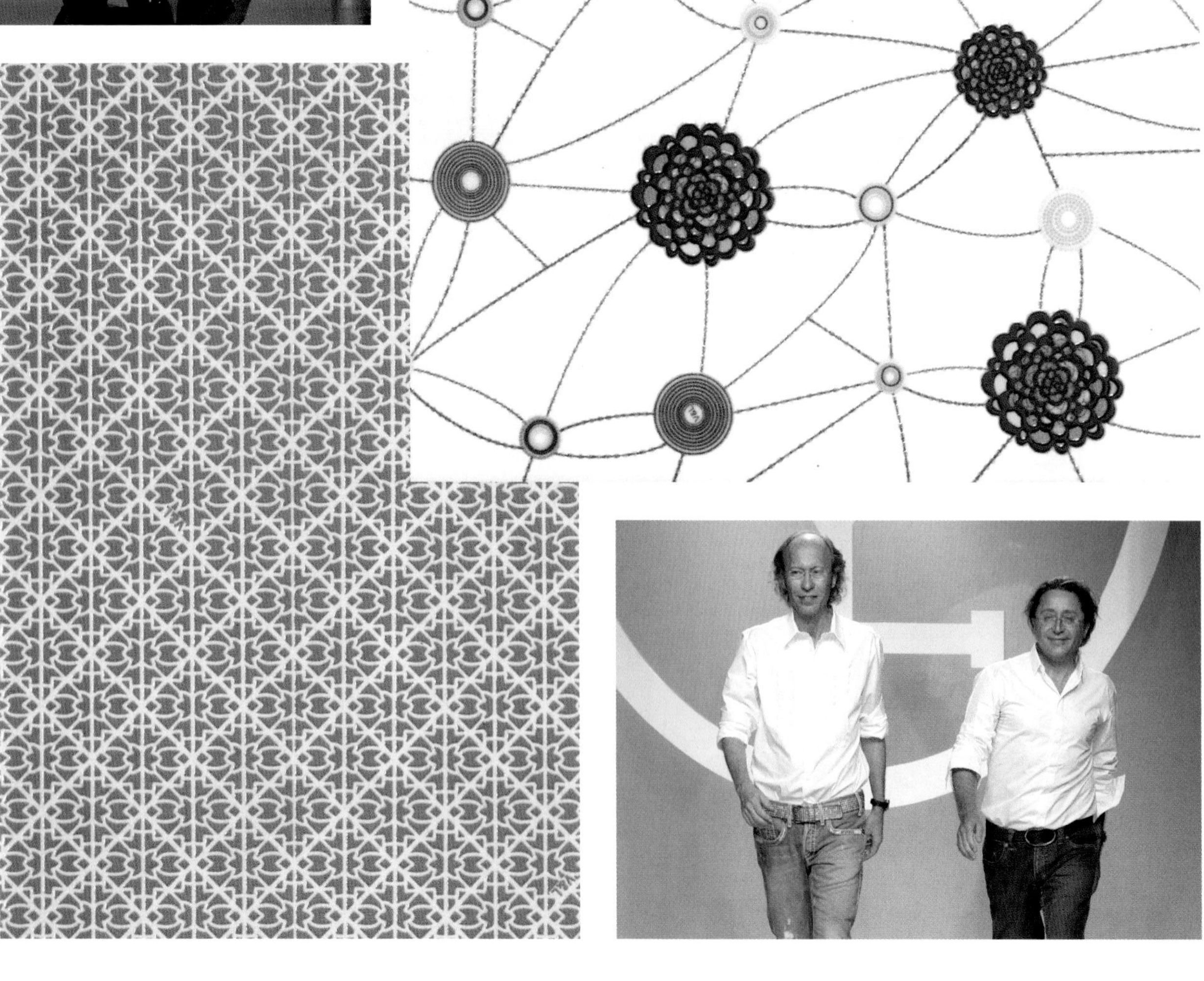

931 » 灵感

在Vidler & Nixon，我们像真正的设计伙伴一样工作。在每个系列开始之前，我们都会花一个月的时间来进行主题和灵感调研。然后通力合作确定系列的主题，创造情绪板和草图。我们都有艺术的视角，这影响了我们所做的一切。最初的概念阶段总是极具创意且令人兴奋的时刻。

932 » 参考素材

穿着Vidler & Nixon品牌服装的女士优雅、精致、现代而时尚。我们总是将这种女性形象牢记于心，并为他们创造既前卫又优雅的服装。我们的目的是让女性觉得自己很漂亮。有一群非常棒的私人客户拥护我们的品牌，来寻找特别的款式，我们为此感到自豪，也乐于受到她们的启发。

933 » 工作场所

我们的工作场所是一个创意中心，人来人往，创意不断。我们的工作室氛围非常放松，以形成一种的良好的工作环境，促进优质设计作品的诞生。

934 » 开发一个系列

Vidler & Nixon的每件服装都感觉像是一件小小的奢侈品。自从首次合作制作复杂的一次性服装开始，我们就意识到品质和细节的重要性，并在每个系列中都贯彻这一点。

935 » 材料

我们使用传统的苏格兰面料制作大衣，选择Holland & Sherry的精美奢华手工制作的哈里斯粗花呢。我们希望制作出精致、高品质的服装，因此Vidler & Nixon对自己的品牌有真正的信念。我们赞成使用奢华、传统的英国面料，并创新性地用于女装中。我们与奢华面料公司Savile Row和

Holland & Sherry成功建立了商业关系，一起开发并改良女装面料。

936 » 品牌价值

当你购买了一件Vidler & Nixon的外套，你意识到你带回家的是你衣橱家庭的新成员，它将永远伴随你，并且永不过时。

937 » 传统制造 VS 试验

我们在传统与试验之间获得平衡。在Vidler & Nixon，我们喜欢兼顾历史与未来。我们喜欢在每个系列中都创造一个出挑的款式，比如2008秋冬的玛丽外套，灵感来源于玛丽·安托瓦内特飘逸的裙子。这个款式集中体现了我们的品牌，由女星穿着走上红地毯，为Vidler & Nixon塑造了独特的全球化品牌个性。

938 » 进步

在Vidler & Nixon，我们通过创造前卫、优雅且具有可穿性的服装来保持鲜明的品牌个性。我们以非传统剪裁而出名，并试图保持品牌创立之初就具有的标志性特征，即高雅与精致。我们的定制服装倍受青睐，因为我们专注于服装的裁剪和线条，并且总是能考虑到为之服务的对象。

939 » 时装是艺术吗？

Vidler & Nixon在2006年春夏正式推出第一个女装系列。一直以来以非正统剪裁而著称，成为品牌的标志性特色。一开始，我们的整个系列都是艺术性服装、结构性服装等复杂的一次性的作品，采用的是毡制材料。之后，我们以裁剪定制为特色。在Vidler & Nixon，我们通过采用不同的艺术形式来传达品牌特征。

940 » 建议

我们很快意识到，优秀的商业运作和个人技巧是年轻品牌成功的关键。我认为我们能够在短期内成功创建Vidler & Nixon品牌，是因为我们非常努力地工作，确保我们的设计、制作、展示以及销售都能保持在最高水平。

941 » 灵感

我根据原材料设计整个服装系列。像小孩一样创造拼贴作品，以记录自己所有的创意，然后再重新组合，整个过程是不断演变的。

942 » 开发一个系列

将系列的概念传递到每个款式中，这个过程就像框架一样，是一点点实现的。首先用主要的部件堆砌主干部分，然后继续搭建次要的部分。你必须一直保持精确，不能太混乱。

943 » 推广

推广是十分重要的。它占了服装

系列发展过程的40%，不容忽视。一个优秀的系列可能由于没有有效的宣传而被彻底忽略，必须直接传递给消费者。

944 >> 传统制造 VS 试验

在制作服装的过程中你必须知道如何保持传统。服装的后整理非常重要。同样，你也必须借助新技术和新材料，使服装不断完善、创新。

945 >> 色彩

我热爱色彩。它可以最大化地传递。如果你知道如何运用它，你就能确保自己的情感能传递给喜爱这件服装的人。

946 >> 进步

从一个系列到下一个系列之间应延续统一的风格趋势，这样你的服装才能被铭记，风格特征才会牢固。你也不能不顾买手而频繁地变化风格。

947 » 街头时尚 VS 时装设计师

时尚存在于街头。每一季，设计师都要重新演绎街头生活带给他们的新感觉。虽然如此，提供原始催化剂的人还是设计师。街头时尚与时装设计师互相影响，循环往复。

948 » 建议

坚持不懈。在这个领域你永远不能想当然。永远要自信，且从不偏离目标。

949 » 认可

最鼓舞人心的反馈是我从生活中获得的，比如不认识的人给我发邮件祝贺我的工作。其次是在媒体上看到我的作品和对我的报道。这无疑极大地增强了我的自尊心。但这所有的一切中，对我最大的认可是人们穿着我设计的服装。

950 » 好习惯

耐心。这是一个考验你耐心的行业。

951 » 参考素材

我设计的一切东西都会有我生活的印迹。我的鞋子设计灵感来源于我童年的记忆，记录的是我当时的某个时刻。所以我说它们拥有灵魂。我主要的参考素材是我的祖母维多利亚——那个时代的战士和独立女性。我仍然保留了她的胜家牌缝纫机，并且非常珍爱着它，就像是她的化身。

952 » 灵感

旅行给了我重要的灵感。对我来说，设计与我的感觉有着直接的联系。我设计的一切都与我的奇思妙想和表达的欲望相关。

953 » 色彩

我喜欢将色彩与肌理进行有趣的结合。这是我的鞋子的显著特征。我喜欢创造图形，比如蝴蝶和爱心。每种风格都有很多细节，我不是也永远不会是极简主义者。

954 » 品牌价值

Divia承诺终身都保持热情与对鞋子的热爱。

955 » 工作场所

我的工作室既混乱又有条理。混乱是因为我相信最好的创意来源于此；有

条理是为了能实现我的创意，将它们变为现实。

956 » 时装是艺术吗?

我所做的直接与我想要表达的相关。我通过自己的设计传递我的感受、我的快乐。我觉得这成为了我自己的艺术。

957 » 建议

你应当从事让你充满热情的工作；相信你所做的事情；运用你的坚韧和直觉；充满爱心地做事，因为这是最重要的灵感之源。

958 » 销售

你用激情、爱心以及奉献所做的一切都会反映在你的销售以及品牌的成长中。我觉得有了原创与直觉，自己一定可以成功。

959 » 个性 VS 共性

选择我的设计的女性都有非常强烈的个性而且又非常感性。他们喜欢与众不同。

960 » 认可

对我来说，最大的认可是当我的客户穿上Divia鞋子时，能感受到我设计时同样的快乐。

© David Houncheringer/www.dada.fm

961 » 建议

充分重视第一个机遇。并尽量亲力亲为。

962 » 开发一个系列

我希望我所有的产品都能体现系列的主题，但最重要的是将主题转换到T恤设计中。

963 » 色彩

我们为每个性别选择四到五个基本色，所以我们试图从服装行业中提取两个原创性的色彩倾向，然后再选两个基本色，如黑色和白色。

964 » 材料

面料的选择取决于产品的设计，所以我们不按照面料来设计产品，而是按照产品来选择面料。

© David Houncheringer/www.dada.fm

© David Houncheringer/www.dada.fm

heidi.com
teecafé
© David Houncheringer/www.dada.fm

heidi.com
© David Houncheringer/www.dada.fm

© David Houncheringer/www.dada.fm

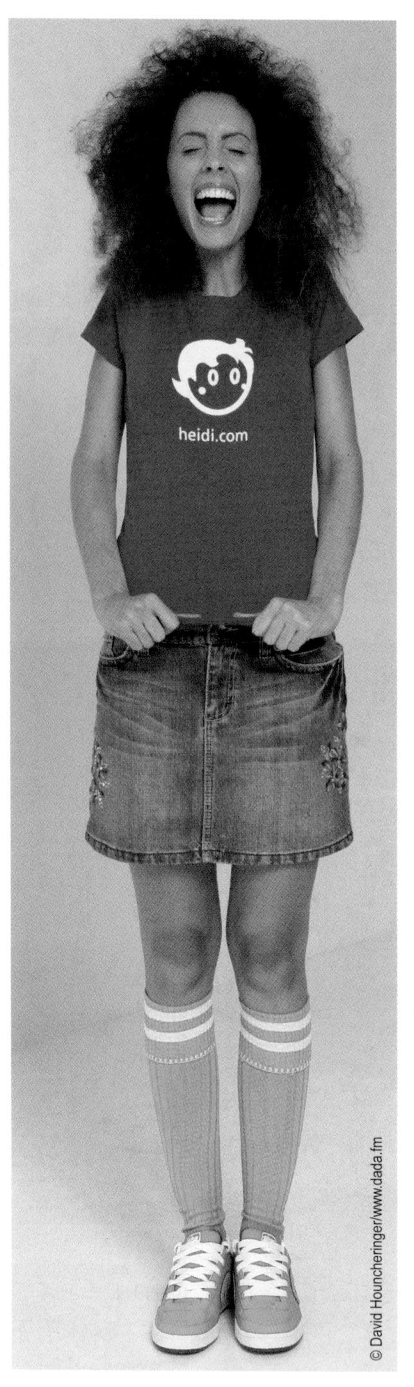

965 » 进步

我们不断地琢磨人们想要的，而不是思考自己喜欢什么，只有这样，你才能更好地了解市场。

966 » 挑战

我们力所能及，并且努力做到最好……所以，你每天都会自我提升。我对自己工作最大的肯定是当我享受穿上自己设计的产品的时候。

967 » 工作场所

我们的家和总部在瑞士的纽察图，临近一个美丽的湖泊，阿尔卑斯的山脚与城市的创造性在此邂逅。

968 » 推广策略

游击营销，即有趣、幽默的营销管理。详情请参考：http://www.streetwear.ch/guerrilla/index.html。

969 » 工作场所

它不会影响整个系列的概念，但是的确会对产品的选择有一点影响。

970 » 品牌价值

Heidi.com的价值是高山的起源(Heidi)、创造力(商标)以及全世界开放性(.com)这三项的结合。

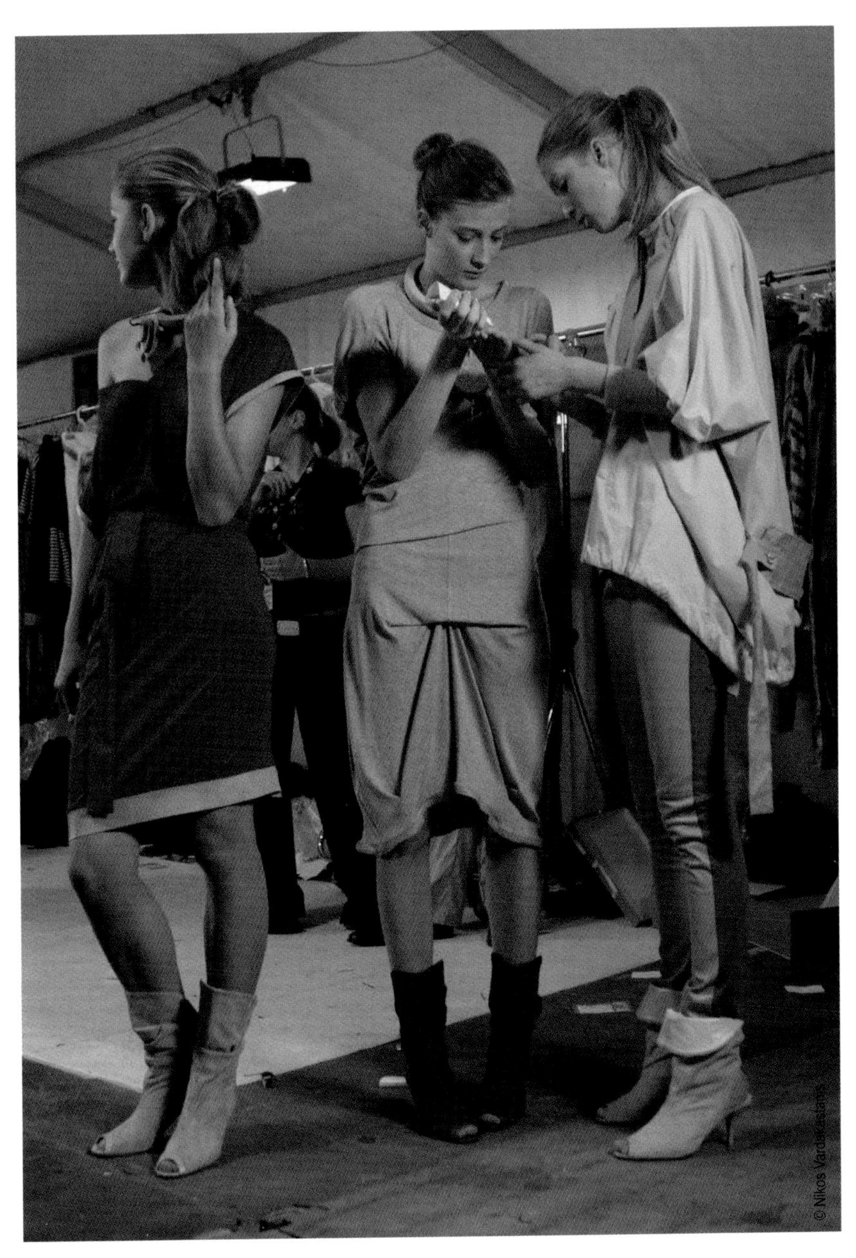

971 » 参考素材

主要是服装的造型和整体格调。

972 » 模特

我们公司内部的模特是一个名叫Genevieve的女孩。她非常时髦，且有强烈的审美意识。我的工作场所是一个光线充足而且充满正能量的巨大空间。

973 » 色彩

我在色彩中寻找感觉、对立以及平衡。

974 » 传统制造 VS 试验

我觉得应该是介于两者之间的某个点。

975 » 风格

每个系列的风格都是由服装的形式和面料界定的。

976 » 个性 VS 共性

我希望是个性……

977 » 推广

总体而言，推广对于时尚来说很重

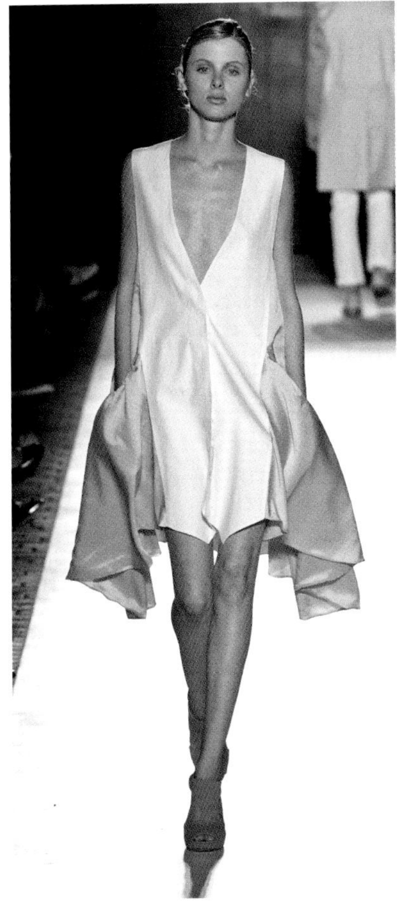

UP
LOAD
Φωτογράφος: Θανάσης Κρίκης (Smile)
Επιμέλεια: Anna Zinchenko (Smile)
Μαλλιά/Make up: KAT (Smile)
Βοηθός Φωτογράφου: Ντένης Παπαϊωάννου (Smile)
Βοηθός Styling: Βίνα Νεοφωτίστου (Smile)
Μπουκλέ κάπα, λαμέ πουκάμισο, μακρύ πουλόβερ, μεταξωτή παντελόνα, χειροποίητο κολιέ και φλατ δετά παπούτσια από λουστρίνι, όλα Yiorgos Eleftheriades, YESHOP INHOUSE
Καλσόν HONDOS CENTER
© Vassilis Karidis para Look Magazine

YIORGOS ELEFTHERIADES
YESHOP INHOUSE
TUESDAY THURSDAY FRIDAY
12:00-20:00
WEDNESDAY SATURDAY
12:00-18:00
13 Ag. Anargiron st. 1st floor 105 54 Athens Tel/Fax + 30 210 3312 622

© Yannis Vlamos

© Thanassis Krikis para Look Magazine

要。巴黎的“图腾”新闻工作室负责我们的推广工作。

978 » 街头时尚 VS 时装设计师

时装的创意来源于需求，而这种需求必须得到满足，所以两者都有。

979 » 认可

差异性、可穿性以及舒适性。

980 » 建议

你必须拥有耐心和创造力。

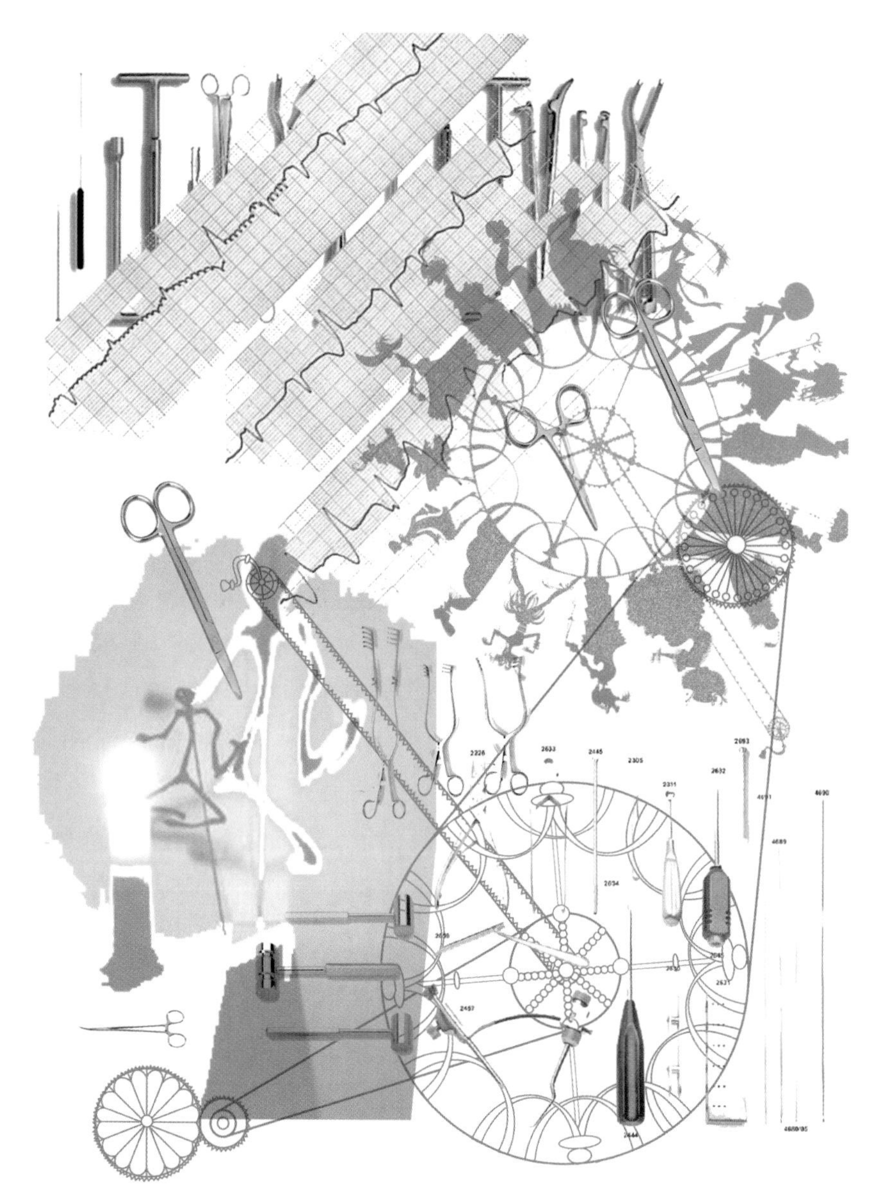

981 » 灵感

当我开始创作一个系列时，首先思考的是我想在服装中表达的感受和经历。然后，我将它们提炼成更加笼统和抽象的概念。在这个过程中，如果发现其他的想法更加吸引人，我会摒弃现有的一些想法，随着一点点的完善，服装系列的主题也开始变得清晰明朗。

982 » 开发一个系列

当我创造某个概念时，会对自己感兴趣的不同领域进行深入调研，如艺术、电影、心理学以及医学，直到开始着手进行设计，为了不让自己受局限才停止调研的过程。之后，所有我脑海中的画面和想法都通过图案表现出来。我将脑海中考虑到的色彩与色彩背后的心理学知识相匹配。我为自己感兴趣的服装选择合适的面料，并且通过仔细分析制板过程明确服装的造型，因此把所有的因素进行整合时，所实现的服装效果才会在概念的统领下产生统一感。

983 » 色彩

我的服装系列围绕着人的感觉和感受，所以我依据色彩与心理的关系

YIYI
GUTZ

© Ugo Camera

YIYI
GUTZ
moda

以及其本身的暗示作用来选择色彩。因为色彩所能传达的信息，我非常重视色彩心理学，同时也因为它能帮我实现统一、连贯的服装系列。

984 » 你的左膀右臂?

我所有有着不同学科背景的朋友都是我的左膀右臂，如医学、工程学、建筑学以及摄影等，他们对我的工作充满兴趣。他们参与到我的项目中并给出不同的建议，同时又完全无私地为我们提供帮助，因为他们相信这是个涉及多学科知识的项目。

985 » 品牌价值

并不是说人们穿着我的服装就觉得与众不同或者就被定义为某个群体的一部分，而是整个设计过程的概念化和材料、造型以及印花的图形学本质，使得每件服装成为穿着它的人们想象的故事的一部分。它们是一个显著的特征，也共同影响了我们的情绪。

986 » 推广

推广是时尚至关重要的一部分。除了在信息发布和公共关系维护中发挥重要作用的新闻办公室，我还使用其他方式，比如更加新颖的基于网络的渠道；而每一种渠道都能到达不同的受众。我总是亲自监督信息的发布，因此无论是通过新闻办公室还是以外的渠道发布，都是符合品牌的。

987 » 进步

这不是是否改变或者继续的问题。我的工作就是一种演变，它常常开始于不同的地方，并带来意想不到的目标。尽管在其背后总有新想法出现，概念和形式总是以一种不规则的方式自我发展，又与其他的系列相一致。

988 » 时装是艺术吗?

我不认为我的工作就是艺术。然而，时装与艺术一样都是一种表达方式，并且也是我选择的表达自己的方式。

989 » 好习惯

坚持不懈、谦卑以及保持热情。

990 » 认可

最好的赞美通常都来自你同行业的专业人士；赞美直接或间接地来自为时尚事业而奋斗的人，因为他们充分了解和重视项目内在的复杂性，这使得他们会产生双重满足感。

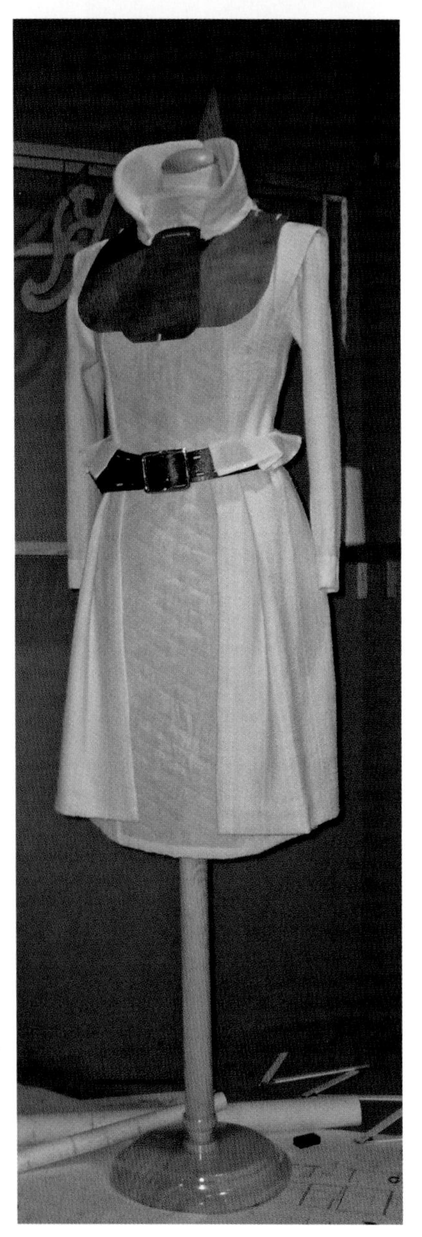

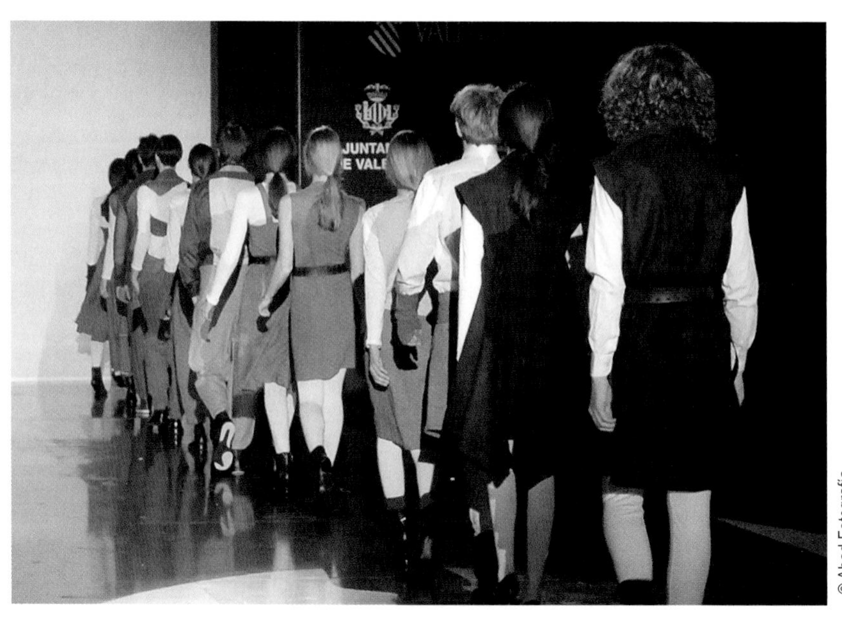

© Abad Fotografia

991 » 灵感

我们每个系列的背后都有一个故事，这使我们不断地思考、想象和感受。我们总是试图表达自己曾经体验过的感受，所以人们能充分地享受我们的服装。

992 » 开发一个系列

我们从灵感中提取某些特定的细节，从不管它们是有形的还是无形的，同时我们对其不断地开发，直到找到理想的造型或肌理，以成功地创造出服装。

993 » 色彩

黑色、米黄色以及红色是我们系列中固定不变的。每种色彩本身都有价值，同时，它们又是相辅相成的。黑色表达节制，红色表达激情，米黄色体现优雅。

994 » 传统制造 VS 试验

传统和试验都至关重要。前者提供了完成项目最好的方式，后者帮助你实现从来都没想过可以实现的事情。每个系列的标志性款式都是最能体现整个系列最本质内涵的那一件。而且系列中的其他服装都是这一款式的分解细化。

995 » 品牌价值

Zazo & Brull承诺成为每一季新故事中的主角。

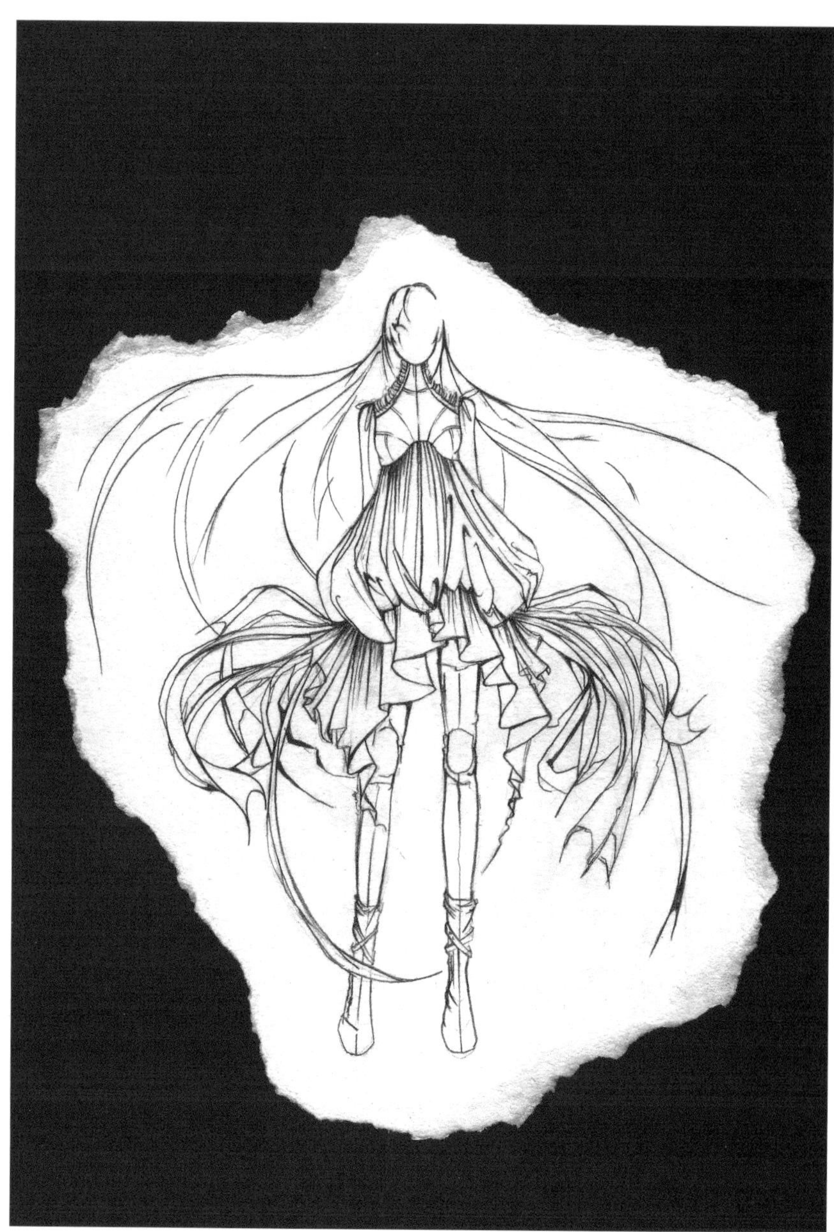

996 » 进步

你的设计必须每六个月更新一次，但这总是局限于你自己风格的范围之内。这种成长是非常个人化的，但并不是每个人都能认识到，而作为一名设计师，它必定会给你自信和安全感，让你明白自己在正确的道路上前行着。

997 » 推广

推广至关重要。我们的服装承载着品牌信息，这是新品牌成为故事的一部分的经历。我们品牌中的红色代表了创作的热情，设计的服装不仅仅是服装。能够赏识我们服装的人能注意到这一点，这已经是一个附加值。

998 » 时装是艺术吗?

时装与艺术紧密相关，并且它所有的变体都能表达各种各样的概念。

999 » 好习惯

设计师必须吸收来自生活的一切，因为灵感可能来自于任何能让你反思或者感觉的平凡经历。

1000 » 认可

人们在生活或者工作中穿着我们的服装便是对我们最大的认可。

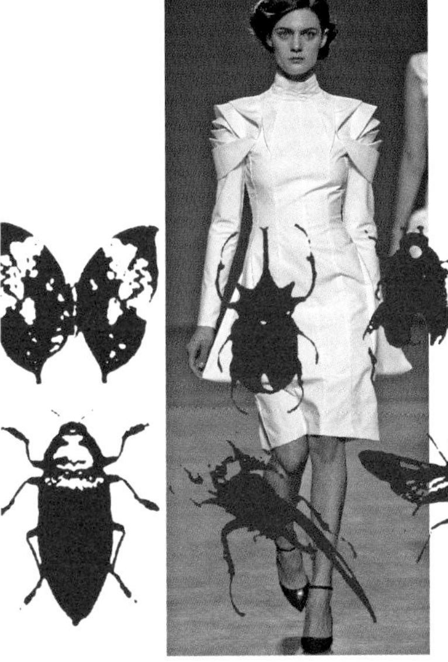

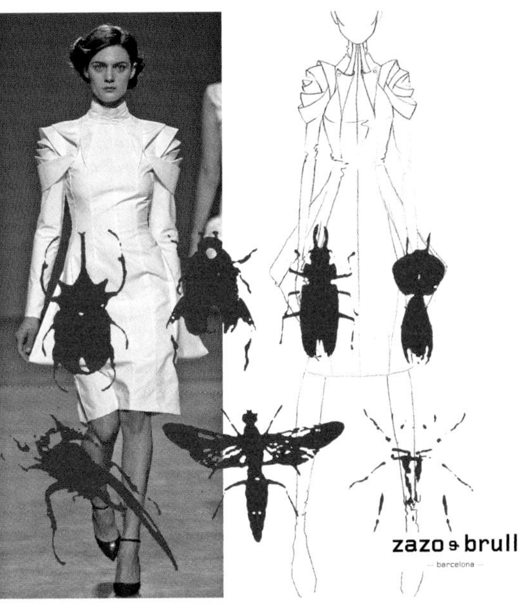